MYTHOS AUTO

DIE ERFOLGREICHSTEN MODELLE ALLER ZEITEN

WHITE STAR VERLAG

TEXTE
Saverio Villa

REDAKTIONELLE LEITUNG
Valeria Manferto De Fabianis

REDAKTIONELLE KOORDINATION
Laura Accomazzo - Giorgia Raineri

GRAFISCHE GESTALTUNG
Maria Cucchi

Inhalt

FIAT
500

Einleitung

Autotechnologie entwickelt sich erstaunlich schnell. Wir können heute von Innovationen profitieren, die noch vor wenigen Jahrzehnten wie Phantasien eines verrückten Wissenschaftlers gewirkt hätten. Doch Fortschritt bedeutet immer auch Einsatz von enormer Kraft und Investitionen, um die Forschung zu verbessern und die Entwicklung voranzubringen. Deshalb suchen Autohersteller auf einem zunehmend aggressiven Markt fieberhaft nach Optimierungen, dem Zusammenspiel von Ideen, Standardisierung, Kostenersparnis und Allianzen, was finanziell vernünftig ist, jedoch zu immer homogeneren Produkten führt.

Die Wettbewerbslandschaft auszugleichen, fördert auch die Standardisierung der unumstößlichen Gesetze der Aerodynamik und Ergonomie sowie der unumgehbaren Emissions- und Sicherheitsbestimmungen, was geeignete und preiswerte Methoden für konstante Ergebnisse erfordert.

Vor dreißig, vierzig, fünfzig Jahren gab es diese Auflagen nicht. Der Druck der industriellen und wirtschaftlichen Logik war geringer und ließ viel Raum für Genialität, Fantasie und Geschmack.

Die Unterschiede zwischen zwei Modellen konnten scheinbar unendlich sein, selbst wenn sie zur selben Klasse gehörten. Es entstanden charismatische Autos, die unverwechselbar aus der Menge ragten, mit revolutionären Entwürfen imponierten und am Ende Autogeschichte und sich ins Gedächtnis der Fans schrieben.

Ob Fiat 500, Alfa Romeo Duetto, VW Käfer, Mini oder Citroën 2CV – sie alle sind Legenden, gehören zur Kultur ihrer Zeit und wurden zu Ikonen der Marken, die sie repräsentieren. Die Hersteller benutzten ihren jeweiligen Mythos – Zuverlässigkeit, Eleganz, Sportlichkeit, Sicherheit –, um ein Image aufzubauen, das auf die Nachfolgemodelle übertragen wurde.

Aber Mythen, das wissen Marketingstrategen seit Langem, müssen erhalten und gepflegt werden – permanent oder episodisch, durch Anspielungen, Beschwörungen und Hinweise –, soweit dies im Einklang mit den sich wandelnden Bedürfnissen einer Autobranche steht, die wenig Handlungsspielraum erlaubt.

Anders als früher sind die technischen Unterschiede zwischen Autos heute oft unscharf. Eine starke Anknüpfung an einstigen Ruhm mit einem wirklich markanten Element zu schaffen wie etwa einem zusätzlichen Getriebe, kurbelt den Verkauf an und erzeugt bisweilen Trends.

Diese Tradition zu pflegen kann heißen, einen Namen und eine Philosophie fortbestehen zu lassen, wie etwa beim Golf. Oder einfach einen Stil zu kultivieren, der seinen Anfängen treu bleibt wie bei Jeep, Land Rover und Porsche. Es gibt auch laute und auffällige Comebacks, die das letzte Jahrzehnt prägten. Der New Beetle von Volkswagen hat diesen Trend gesetzt, dicht gefolgt vom BMW Mini und dem neuen Fiat 500.

Autos, die den Zeittest mit noch intaktem Ursprungsgeist bestanden haben, sind rar. Für dieses Buch haben wir die bedeutungsreichsten unter ihnen berücksichtigt. Mit einem Ziel: Wir wollten gute Geschichten erzählen, sowohl für Menschen, die diese Autos kaufen oder gekauft haben, als auch für solche, die sie einfach bewundern.

Schließlich sollte neben all der Technologie in Ihrer Garage auch ein wenig Platz für Bedeutung und Geschichte bleiben.

1 Der Käfer ist das vermutlich am leichtesten wiedererkennbare Auto aller Zeiten. Deshalb hielt VW es für angebracht, das Modell 1998 neu aufzulegen.

2-3 Aston Martin ist einer der Autohersteller, der am stärksten einem festen Stilkonzept verbunden ist. So hat sich die Form des Kühlergrills des Vanquish, gebaut von 2001 bis 2007, und anderer moderner Modelle seit der Ära des 1950 DB2 nur leicht verändert.

4-5 Der erste Ferrari California war einer der begehrtesten Roadster der Welt, ein Statussymbol, das Sammler selbst heute noch ausflippen lässt.

6-7 Der 500 von 1957 war viel kleiner und seine technische Basis völlig anders, aber die heutige Version verdankt ihren großen Erfolg dem Umstand, dass sie die Nachbildung originalgetreu auffrischte.

9 Ein Blick auf frühe Rolls-Royce-Modelle von 1957. Ein Kühler wie ein griechischer Tempel, die den „Spirit of Ecstasy" zeigende, von der Göttin Nike von Samothrake inspirierte Statue: Um sie herum hat sich Rolls-Royce seit Anfang des 20. Jahrhunderts ein Image gebaut.

10-11 Der Porsche 356 wurde 1948 geboren, sein Stil verdankt sich und ist beeinflusst von Experimenten mit dem VW Käfer. Seither hat sich der Porsche-Stil einen eigenen Namen gemacht, den man im 911 von heute noch wiedererkennt.

12-13 Der Ruf der amerikanischen Chevrolet Corvette von 1962 erreichte Europa und die ganze Welt dank ihrer technischen Konsequenz und einer Fertigungsphilosophie, die ihre Wurzeln jedoch nie verriet.

14-15 Seit 1957, als Ferrari mit seinem Prachtstück herauskam, ist der California ein Name, der die Fantasie von Generationen Sportfans besetzte. Heute ist es auch der Name des „kleinen" 2008 von Maranello.

DALLAS – FORT WORTH TURNPIKE
STOP GET TICKET
SU-13

PORSCHE

Rolls Royce Phantom

ROLLS
RR
ROYCE

Schweigen ist Gold

„Strebe nach Perfektion in allem, was du tust. Nimm das Beste, und verbessere es. Wenn es nicht existiert, entwickle es." Das Gründungsziel von Rolls-Royce war ehrgeizig, entsprach aber dem Ideal des genialen Ingenieurs Henry Royce und wurde in den ersten Jahrzehnten des 20. Jahrhunderts von dem autobesessenen und wohlhabenden Adligen Charles Rolls finanziert.

Seit seiner Gründung 1906 hat der englische Hersteller stets einige der exklusivsten Autos der Welt gebaut. Komfort, Luxus und Ausführung bewegen sich, ohne zu übertreiben, auf höchstem Niveau. Auch Traditionswahrung zählt. Aktuelle Modelle etwa heißen „Ghost" oder „Phantom", Namen, die schon vor dem Zweiten Weltkrieg benutzt wurden, um die „leisen" Eigenschaften britischer Autos hervorzuheben. Der erste Phantom löste 1925 den Silver Ghost ab. Er hatte ein hauseigenes Fahrgestell, bis in die Sechzigerjahre Usus bei Rolls, während die Karosserie nach den Wünschen der reichen Kundschaft extern gebaut wurde. So ein Phantom mit 7,7 Liter Hubraum und Sechszylindermotor, in Großbritannien und den USA produziert, ist im Film „Der große Gatsby" (1974) zu sehen.

Die zweite Serie von 1929 war Gegenstand eines Kinoirrtums. In „Indiana und der letzte Kreuzzug" (1989) beschreibt der Sultan von Hatay die technischen Besonderheiten des Wagens, irrt sich jedoch völlig in der Motorfrage – so wird er als ein „4300" beschrieben, ist jedoch der Gleiche wie in der Vorgängergeneration.

18-19 Die Kühlerfigur „Spirit of Ecstasy" ziert die Hauben von Rolls-Royce-Autos seit 1911. Bis 1914 war sie versilbert und wurde schließlich gegen Diebstahl durch eine vernickelte ersetzt.

Der berühmteste Kinoauftritt eines Phantom ist vermutlich das gelb-schwarze Modell aus der dritten, von 1936 bis 1939 produzierten Serie, das dem legendären Gegenspieler von James Bond, Auric Goldfinger gehört, dem Schurken, nach dem der Film von 1964 benannt wurde.

Nach der Produktionsunterbrechung durch den folgenden Zweiten Weltkrieg brachte Rolls-Royce 1950 sein bis dahin exklusivstes Modell heraus: den Phantom IV mit 5,7 Liter Hubraum und Achtzylindermotor. Nur achtzehn wurden gebaut, die alle bei königlichen und Staatsoberhäuptern wie dem Schah von Persien und dem Aga Khan landeten. Noch heute kommen die Modelle etwa von Queen Elizabeth und König Juan Carlos von Spanien bei offiziellen Anlässen zum Einsatz. Die exklusive Stammkundschaft blieb. Die 516 zwischen 1959 und 1968 in der fünften Generation gebauten Autos erwarben überwiegend Monarchen, darunter Queen Elizabeth, ihre Mutter und König Olaf von Norwegen. Der eindeutig nicht-royale John Lennon orderte ein weißes, das er pflichtgemäß in psychedelischen Farben verzierte.

Zum königlichen Fuhrpark der Queen gehören auch heute noch zwei Modelle des Phantom VI aus den Jahren 1968-1991. Der „Silver Jubilee" von 1978, zum 25. Jahrestag der Krönung der Queen kreiert, zeigt anstelle der traditionellen Rolls-Royce-Kühlerfigur namens „Spirit of Ecstasy" eine Skulptur des Heiligen Georg, der den Drachen tötet.

Eines dieser 374 Exemplare mit Zweizonenklimasteuerung für eine unabhängige Temperaturregelung für den Vorder- und Rücksitzbereich, ist derzeit die Staatskarosse des australischen Premiers.

20-21 Der in den Vereinigten Staaten in Springfield, Massachusetts, gebaute Phantom I unterschied sich leicht von dem, der im englischen Derby montiert wurde. So war sein Radstand 10 Zentimeter kürzer und das Getriebe hatte drei statt vier Gänge.

21 Der britische Karosseriebauer Hooper schuf mehrere Ausführungen des Phantom III. Die „E"-Version von 1935 war für den Aga Khan bestimmt. Ihr folgte 1937 die als „Allwetter"-Fahrzeug gedachte „F"-Version, deren Stoffdach den Insassen ermöglichte, die Sonne zu genießen. Der „F spezial" von 1937 war ein Coupé-Cabrio mit zwei oder drei Sitzen sowie einem Stoffdach für jene, die es vorzogen, ihren Rolls selbst, anstelle eines Chauffeurs, zu lenken.

22-23 „Der gelbe Rolls-Royce" (1964) erzählt die Story von drei Phantom II-Besitzern: einem englischen Adligen (Rex Harrison), einem Gangster aus Chicago (George C. Scott) und einer amerikanischen Witwe (Ingrid Bergman). Diese Szene zeigt Shirley MacLaine, einen weiteren Star des Films, beim Aussteigen.

23 Zwei Stars des Films „Der große Gatsby" (1974): ein Rolls-Royce Phantom I von 1928 und Robert Redford. Der Film gewann Oscars für Kostüme und Filmmusik. Der Wagen wurde 2009 von einem anonymen Sammler für 238 000 $ ersteigert.

ROLLS
ROYCE
RAC
R·R·E·C
ROLLS-ROYCE
OWNERS CLUB
ROLLS
ROYCE

24-25 Eine der bestechendsten Versionen des Phantom II, zwischen 1929 und 1936 als Cabrio und Hardtop gebaut, ist der Continental. Er war sportiver als seine Schwestern dank eines Motors mit hoher Verdichtung. Insgesamt wurden 281 Continental produziert.

25 Die Cabrio-Version des Continental ist ein seltener Anblick, da nur zwei gebaut wurden. Die abgebildete ist von 1931 und gehört seit 1989 einer Privatsammlung. Der andere Wagen mit einer Karosserie von Thrupp & Maberly ist von 1934 und gehörte neben anderen tollen Autos dem Schauspieler Tyrone Power.

Eines Königs würdige Abmessungen

Der spektakuläre Phantom unserer Tage, angetrieben durch einen Zwölfzylinder mit 460 PS, entstand 2003 mithilfe von BMW, Eigentümer der britischen Marke seit 1998. Trotz wenig nobler Basis – fünfzehn Prozent der Bauteile stammen aus der 7er-Topserie von BMW – wurde die Rolls-Royce-Philosophie beibehalten.

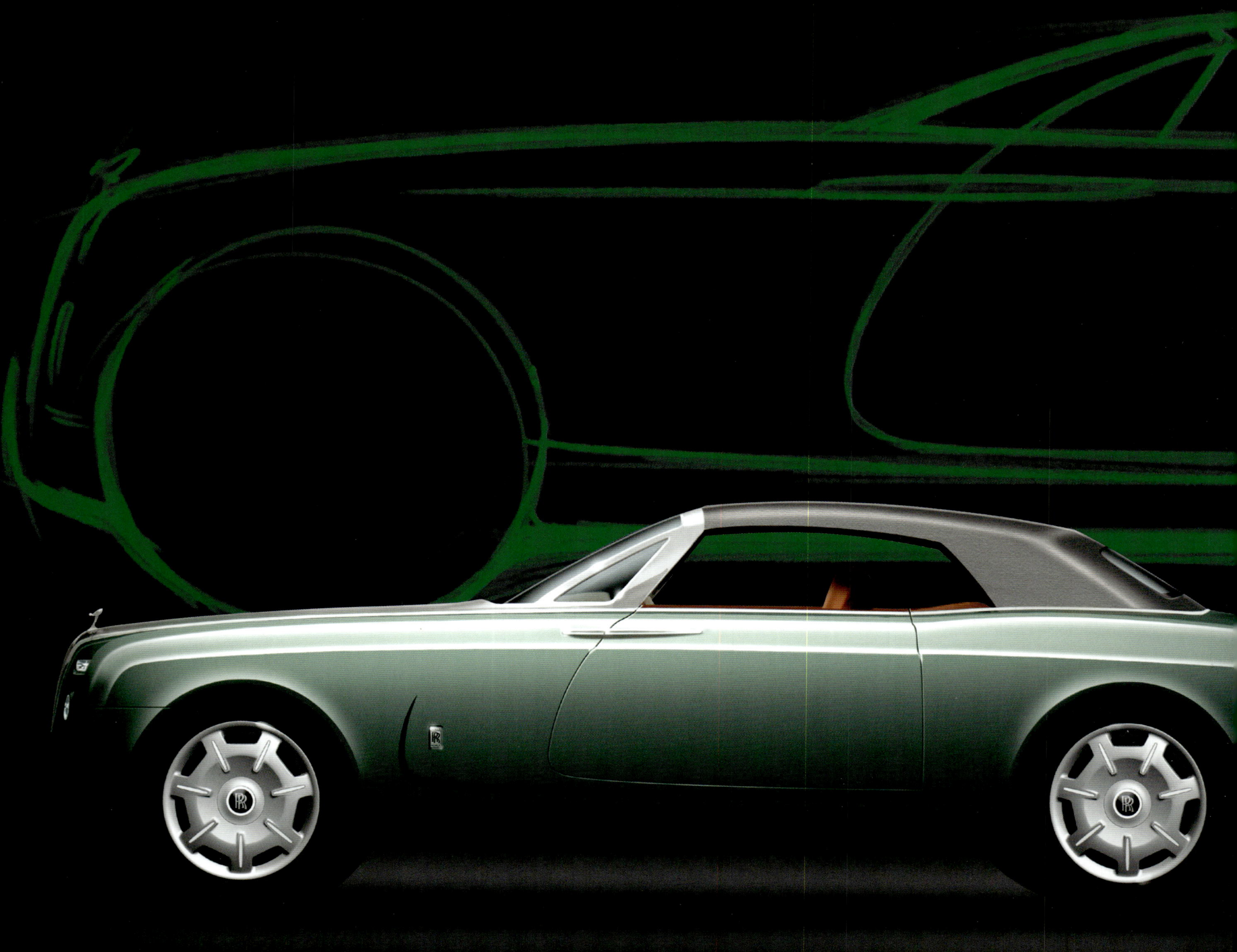

Die Montage erfolgt nach wie vor von Hand, und die beiden Roboter der Goodwood Factory haben nur eine Aufgabe: die Lackierung. Zu den Eigenheiten des Wagens zählt das Fehlen eines Drehzahlmessers (stattdessen gibt es eine Leistungsreserveanzeige), hinten angeschlagene Hecktüren mit genügend Platz zum Verstauen eines Regenschirms, eine einfahrbare Kühlerfigur gegen Diebstahl und als Fußgängerschutz bei einem Unfall sowie ein Rolls-Royce-Logo im Zentrum der Leichtmetallräder, das auch wenn die Räder sich drehen, fix bleibt. Seit 2007 trugen die Cabrio-Baureihe und 2008 das Coupé namens Drophead zur Modernisierung bei. Zu den Käufern des Phantom stießen Prominente wie David Beckham, Denzel Washington und Nicolas Cage, der allein neun Stück davon besitzt.
Lord Rolls sagte einmal: „Nachdem man den Preis vergessen hat, bleibt Qualität." Für den Phantom wie für alle Rolls-Royce gilt: Wer nach dem Preis fragt, kann ihn sich nicht leisten.

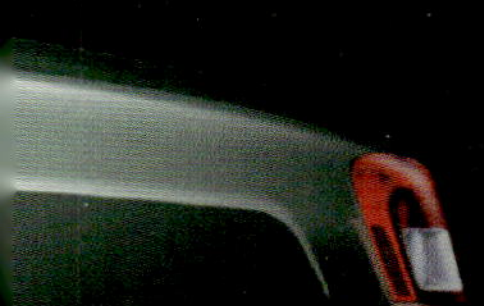

26-27 Der Phantom Coupé von 2008 ist der jüngste Rolls-Royce und das dritte Modell seit Erwerb der Marke durch BMW 1998. Die Designer wollten den Wagen etwas sportlicher machen, ohne die angestammte Eleganz der Limousine einzubüßen.

26 unten Die Coupé- und Cabrio-Versionen des Phantom trugen zu einer Verjüngung des Images von Rolls-Royce bei, das immer ein eher gesetztes Publikum anzog. Heute sind die englischen Autos zunehmend bei Sängern, Schauspielern und Sportlern gefragt.

28-29 oben von links Eines der markantesten Stil- und Funktionselemente des Phantom Drophead Coupé war der mit zusätzlichen Dachholmen abgestützte, sehr massive Rahmen der Windschutzscheibe aus gebürstetem Metall, der hohes Sicherheitsdenken bewies. Dieses Stadium des Designprozesses zeigt die asymmetrische Front, in dem die Designer diverse technische Optionen ausprobieren und abgleichen. Bei den Scheinwerfern entschieden sie sich für die rechts zu sehende Lösung. Bei einer derart monumentalen Karosserie war es nicht leicht für sie, ein schwunghaftes Design hinzubekommen. Diese Aufgabe griff man bei der Gestaltung der Seitenflächen auf.

28 unten und 28-29 unten Das Phantom Cabrio war auch wegen des Komforts und der hervorragenden Platzverhältnisse für die Heckinsassen hoch geschätzt. Die Türen schlossen sich automatisch, und der Dachhimmel konnte mit Sternen ähnelnden kleinen LED-Leuchten ausgestattet werden. Das Coupé nutzt den gleichen Zwölfzylinder mit 460 PS von BMW wie die Limousine und das Cabrio, kombiniert mit einem Sechsgangautomatikgetriebe. Mit seiner optimierten Aerodynamik erreicht der Phantom heute eine Spitzengeschwindigkeit von 250 km/h.

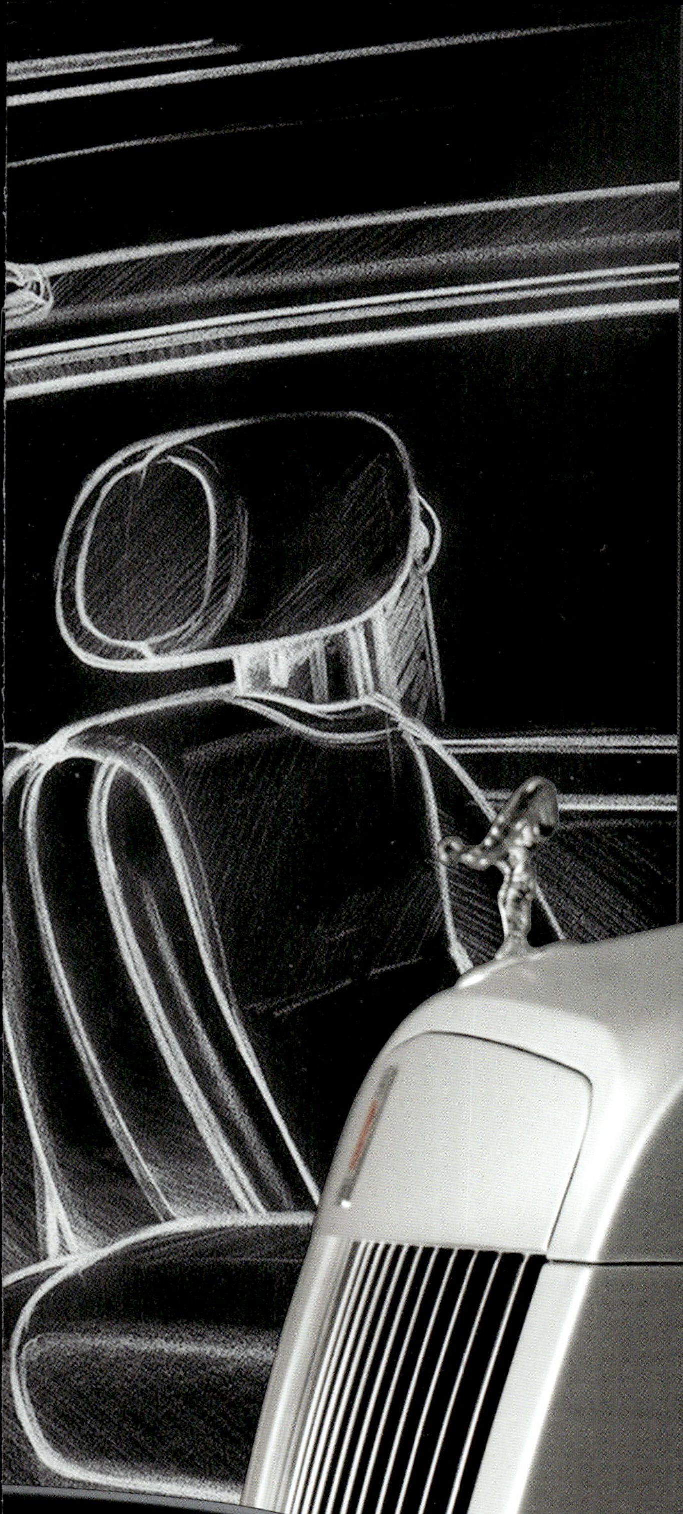

30-31 *Aus Anlass des 100. Jahrestages der Begegnung von Charles Rolls und Henry Royce geschaffen, teilte der Prototyp 101EX die Plattform mit der Phantom Limousine, unterschied sich aber durch geringere Höhe und kleinere Glasflächen. Das Management von Rolls-Royce hatte eigentlich nicht vorgehabt, eine Coupé-Version zu bauen, doch das begeisterte Echo auf den 101EX beim Autosalon in Genf ließ es seine Meinung revidieren.*

31 *Die Kühlerfigur auf dem Prototyp war aus einem transparenten Material und beleuchtet – ein für Rolls-Royce ungewöhnlicher Werbetrick, der aber den Wunsch illustrierte, auch ein „extrovertierteres" Publikum anzulocken als die Klientel, welche die Marke traditionellerweise ansprach.*

Alfa Romeo 8C

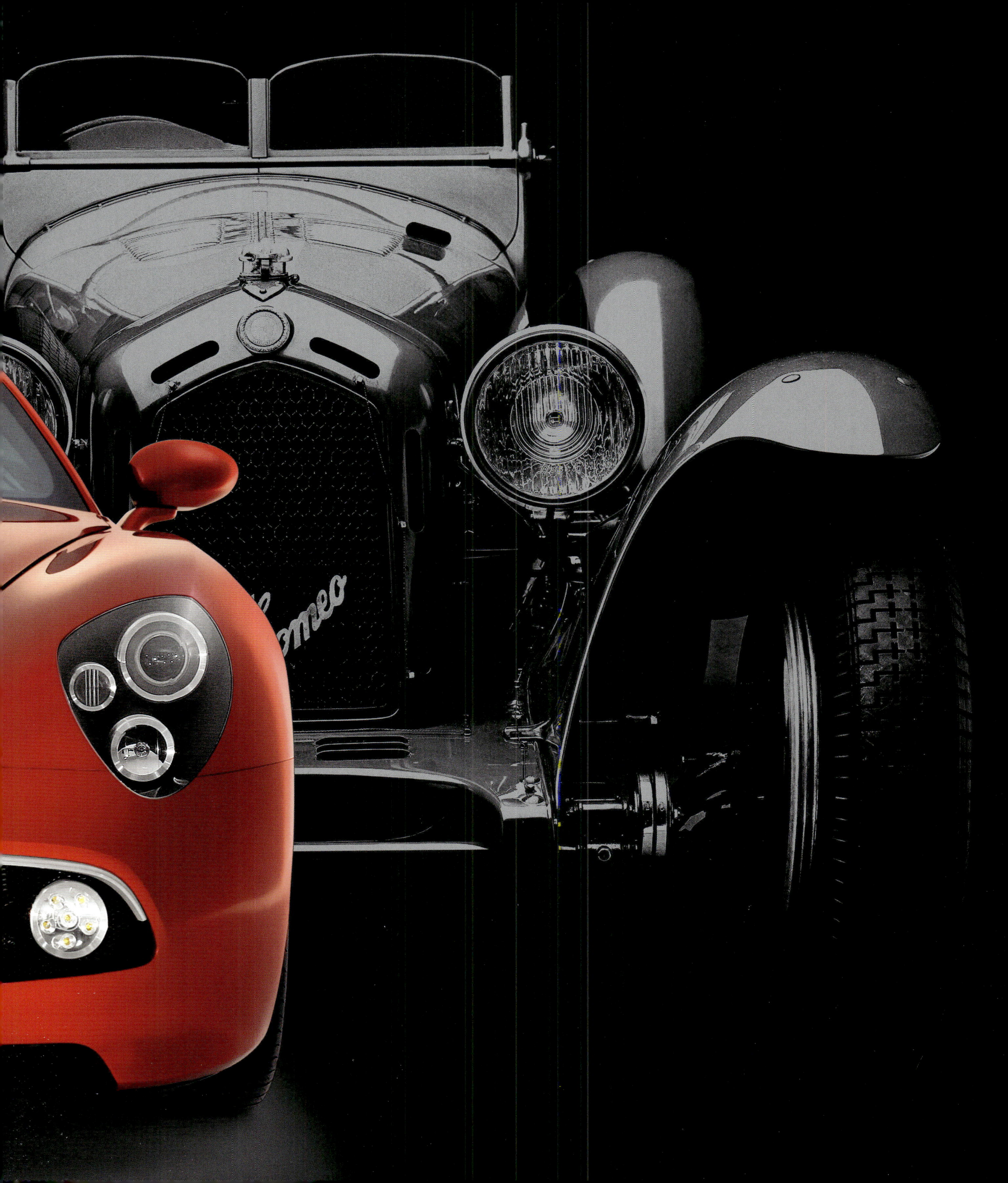

Das „grandiose" Auto

Nach Jahren, die sich immer weiter von der eigenen Tradition entfernt und an die Standards von Fiat angepasst hatten, dem die lombardische Marke seit 1986 gehörte, wollte Alfa Romeo 2003 sein rasantes Image wieder aufpolieren.

So präsentierte man auf der Automesse Frankfurt einen nostalgischen Prototyp, der an den Stil der Rennwagen von Alfa aus den Sechzigern wie den 33 Stradale und die Giulia TZ erinnerte und einen ähnlich sinnträchtigen Namen trug: 8C Competizione.

8C, kurz für Achtzylindermotor, erinnerte an eine Reihe außergewöhnlicher Wagen in den 1930er Jahren, die der Marke weltweit Aufmerksamkeit eintrug. Der erste war der 8C 2300, ein Resultat aus den Erfahrungen von Designer Vittorio Jano mit dem Rennwagen P2 von 1924, der einen Achtzylindermotor hatte, und mit dem wendigen und leichten 6C 1750 von 1929, den viele für Janos Meisterstück hielten.

Die Entwicklung des 8C 2300 begann 1930, und ein Jahr später nahm der Wagen als Mitglied der berühmten Scuderia, dem „Stall" von Enzo Ferrari, der damals für Alfa arbeitete, an der traditionellen Mille Miglia teil. Entgegen der Überlieferung gewann er sein Debüt mit Tazio Nuvolari am Steuer nicht, sondern wurde wegen Problemen mit den Bremsen lediglich Neunter.

Der Wagen war für Straßenrennen bestimmt, wurde aber auch in kleiner Stückzahl für den Alltagsgebrauch produziert; tatsächlich wurden bis 1934 nur 190 gebaut. Laut dem Automobilhistoriker Griffith Borgeson war er „in Aussehen, Design, Leistung und

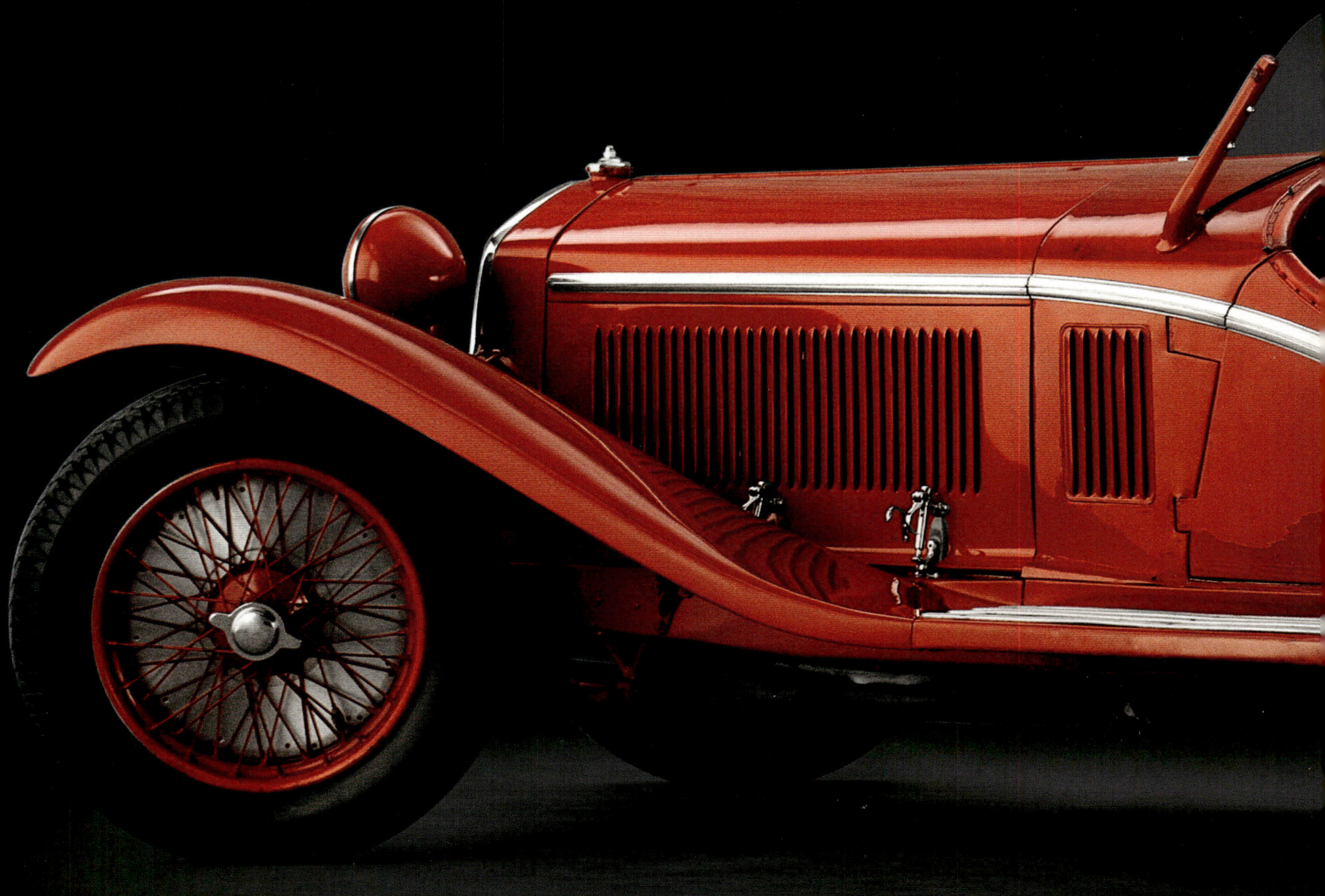

Fahrverhalten überragend. Und, wirklich ungewöhnlich, selbst eingefleischte Bugatti-Fans betrogen ihre Marke mit diesem Achtzylinder von Alfa."

Natürlich war ein solches Auto teuer. Das Durchschnittseinkommen eines italienischen Arbeiters betrug damals 450 Lire pro Monat, der Preis für einen Fiat Balilla lag bei rund 10 000 Lire, der für einen 8C bei fast 100 000 Lire.

Das unglückliche Renndebüt des 8C wurde durch einen Sieg bei der Targa Floria rasch aufgewogen, wo Nuvolari es schaffte, über sizilianische Straßen zu navigieren, die ein Gewitter in Schlammflüsse verwandelt hatte. Nun ging es rasant aufwärts, mit Erfolgen in allen wichtigen Rennen, darunter 1931 bis 1934 vier aufeinanderfolgende Siege beim 24-Stunden-Rennen von Le Mans.

1932 schrieb das renommierte britische Magazin Autocar: „Neben den enormen Kraftreserven und der fantastischen Beschleunigung muss aber auch die unglaubliche Elastizität des Motors erwähnt werden – der einem sogar erlaubt, den vierten Gang schon ab 14 km/h zu nutzen –, die Bremskraft und die erstklassige Straßenlage."

Trotz einer ökonomischen Krise, die Alfa ohne das Eingreifen des Institute for Industrial Reconstruction zu Fall gebracht hätte, nahm Jano 1934 die Arbeit am 8C 2900 A auf, einer Weiterentwicklung des 2300, die wohl damit begründet wurde, dass man noch dreißig Rennmotoren verwerten müsse. Das Auto debütierte auf der Mille Miglia 1936, wo es die ersten drei Plätze belegte. Es folgten dann 1937 und 1938 der erste und der zweite Platz mit dem 8C 2900 B, obwohl die Motorleistung des Wagens für den „zivilen Gebrauch" etwas gedrosselt worden war. Auch bei der ersten Mille Miglia nach dem Zweiten Weltkrieg 1947 war er erfolgreich.

Nur sechsunddreißig 8C 2900 wurden gebaut, sechs A- und dreißig B-Versionen. Dabei wurden viele, wie damals üblich, von selbstständigen Karosseriebauern hergestellt, denen Alfa Technik und Chassis verkaufte. Zu den bemerkenswertesten zählen die Kreationen von Zagato, Castagna, Pininfarina und die aus Aluminium von Touring.

Im Grunde endete aber das Goldene Zeitalter des straßentauglichen Achtzylinders von Alfa Romeo – Objekt der Begierde nicht nur von Königen und Maharadschas – jedoch mit Ausbruch des Zweiten Weltkriegs.

34-35 Der 8C, vom 6C 1750 von 1929 konzeptuell nicht weit entfernt, wurde ob seiner Leichtig- und Wendigkeit berühmt und galt als Vittorio Janos Meisterstück. Seine beeindruckende Renngeschichte umfasst vier Siege in Serie von 1931 bis 1934 in Le Mans.

ALFA-ROMEO
MILANO
Alfa Romeo

36-37 Wie damals häufig, w
Stammwerk von Hand mont
Fremdfirmen stammte. Der A
Arbeitsprojekt und zog die be
Designs an: Zagato, Chestnu

38 oben und 38-39 Nuvolari und Guidotti konkurrierten 1932 bei der Mille Miglia in einem 8C 2300 MM Touring Spider. Der 8C, der als Renn- und Straßenversion verkauft wurde, war für die damalige Zeit sehr teuer. Er kostete das Zehnfache eines Fiat Balilla und ging daher an eine wohlhabende Klientel. Es heißt, dass viele Bugatti-Besitzer, um einen dieser Alfas zu ergattern, der französischen Marke die Treue brachen.

38 unten Hauptschauplatz für den Erfolg des 8C war die Mille Miglia, die bis 1957 stattfand und die viele für das „schönste Rennen der Welt" halten. Beim Debüt des Wagens 1931 waren Tazio Nuvolari und Gian Battista zu mehreren Reifenwechseln gezwungen, weshalb sie nur den neunten Platz belegten.

Der neue Traum der „Alfisti“

40 oben Mit höchster Detailgenauigkeit produziert, konnte der 8C Competizione gleichwohl an besondere Kundenwünsche angepasst werden. Für eine maximale Ausnutzung seines knappen Innenraums gab es ein extra angefertigtes Gepäckset. Der Achtzylinder, der anders als sein Vorgänger in V-Form angeordnet war, und das Automatikgetriebe stammten von Maserati. Sein Preis entsprach in etwa dem eines Ferrari.

Der Achtzylindermotor, nun in V-, nicht mehr in Reihenanordnung, kam 1967 dank des Stradale 33, benannt nach seiner Startnummer bei Rennen, in der PKW-Produktion von Alfa zum Einsatz. Insgesamt wurden achtzehn Stück produziert.

1970 wurde dieser Motor in modifizierter und „zivilisierter" Form beim Sportcoupé Montreal wiederverwendet sowie 1977 für eine limitierte Serie der Alfetta GTV im Auftrag eines deutschen Alfa-Importeurs. Fans mussten bis zum erwähnten, von Wolfgang Egger designten 2003-Prototyp warten, um den ruhmreichen Namen 8C wiederzusehen.

Die Resonanz der Fans auf dieses „Show Car" war so enorm, dass Alfa sich praktisch gezwungen sah, damit in Produktion zu gehen. Die Endversion wurde 2007 vorgestellt, und für die geplanten 500 Exemplare gingen Reservierungen aus aller Welt ein, vor allem aus Italien, USA, Deutschland und Japan, eine aber sogar aus Lettland. Sechzig Prozent des 8C Competizione wurden im traditionellen Rot geordert, ein Spiegelbild des Bedürfnisses der Alfisti, an die glorreiche Tradition der Marke anzuknüpfen.

Dieses Auto kam am Hinterradantrieb, den Alfa Jahre zuvor aufgegeben hatte, nicht vorbei. Mangels technischer Alternativen beschloss Alfa zudem, Motor und Getriebe des Maserati Gran Turismo einzusetzen. Teilweise unterstützt von der Leichtigkeit einer Carbonfaser-Karosserie, war der V8 des 8C Competizione mit 4,7 Liter Hubraum und 450 PS eine höchst leistungsstarke Maschine und brachte es auf rund 300 Stundenkilometer.

Im Sommer 2005, kurz vor Produktionsstart des 8C Competizione, stellte Alfa auf dem berühmten Pebble Beach Concours d'Elegance in Kalifornien überraschend den Prototyp eines 8C-Sportwagens vor, der die Fans begeisterte. Wieder brachte der Publikumsbeifall Alfa dazu, zwischen 2009 und 2010 ein weiteres Auto in einer limitierten Produktionsreihe zu bringen.

40-41 und 42-43 Der Wagen, 2003 als Prototyp präsentiert, ging 2007 in Produktion. Der 8C für das neue Jahrtausend sollte überzeugend an die Tradition und Werte von Alfa erinnern. Für sein Design ließ sich Wolfgang Egger vom 33 Coupé Stradale und der Giulia TZ inspirieren, die allgemein als die schönsten Alfa Romeos gelten.

ALFA ROMEO
Alfa Romeo

Centro Stile Alfa Romeo

44-45 und 45 oben 2005, als noch niemand wusste, ob der 8C Competizione gebaut werden würde, stellte Alfa überraschend den Prototyp einer Spider-Version des 8C beim Pebble Beach Concours d'Elegance vor, einem Schönheitswettbewerb für hochwertige klassische Autos. Das Ereignis entflammte die Fans. Wie die Coupé-Version, die dem Spider seinen Motor lieferte, wurde die Produktion auf 500 Wagen limitiert, obwohl die Nachfrage aus aller Welt erheblich höher war. Gebaut wurden sie zwischen 2009 und 2010.

ALFA ROMEO
Spider

Chrysler Airflow und PT Cruiser

Zu modern, um verstanden zu werden

Aerodynamik ist ein Schlüsselbegriff beim Auto, da sie den Luftwiderstand reduziert und Leistung sowie Verbrauchswerte verbessert. Doch Autobauer brauchten viele Jahre, um sich diese Philosophie anzueignen. Sieht man von den torpedoförmigen Prototypen Anfang des letzten Jahrhunderts ab, die keinerlei praktischen Nutzen hatten, gab es die ersten aerodynamischen Modelle 1934: der tschechoslowakische Tatra T77 und der amerikanische Chrysler Airflow.

Die Idee für den Airflow wurde 1927 geboren, als Carl Breer, Ingenieur bei Chrysler, Militärflugzeuge bei Übungen beobachtete und beschloss, deren Designprinzipien bei Landfahrzeugen anzuwenden. Es kostete Breer nicht viel, um einen Idealisten wie Walter Percy Chrysler, der die Firma 1924 gegründet hatte, davon zu überzeugen, und er erhielt sofort die Hilfsmittel, um sie in die Praxis umzusetzen. Zur Entscheidung trugen ein Windkanal und die Expertenberatung durch Orville Wright, den Mann, der mit seinem Bruder Wilbur 1903 das erste Flugzeug geflogen hatte, bei.

Das revolutionäre Design bestand aus partiell strömungsoptimierten Hinterrädern, in den Kotflügel integrierten Scheinwerfern und einem der Linienführung der Haube folgenden Kühlergrill. Der Innenraum war sehr geräumig und der Motor wurde nach vorn verlagert, um beide Sitzreihen zwischen den Vorder- und Hinterrädern unterzubringen. Zuvor saßen die Heckinsassen gewöhnlich über den Hinterrädern. Für einen bequemeren Einstieg wurden überdies die Türen abgesenkt. Diese Neuerungen erlaubten eine perfekte Gewichtsverteilung bei voller Belastung, was die Stabilität auf rutschigem Untergrund begünstigte.

Sicherheit hatte einen hohen Stellenwert. In einer Zeit, als die Konkurrenten General Motors und Ford noch Holzteile in den Rahmen einarbeiteten, reagierte Chrysler mit einem Aufbau komplett aus Stahl.

48-49 Der 5,3-Liter-Achtzylinder mit 122 PS, kombiniert mit einem manuellen Dreiganggetriebe, brachte den Wagen auf eine Höchstgeschwindigkeit von 150 km/h. Aber es war mehr als seine Performance, weshalb man über den Airflow redete: Sein futuristisches Design ließ die Köpfe herumschnellen.

49 oben Eine an der Unterkante der Windschutzscheibe aufklappbare, von vorne zu öffnende Haube, kommt heute bei fast allen Autos zum Einsatz. Als der Airflow auf den Markt kam, galt dies als Innovation.

50 oben Der Airflow erwies sich als kommerzieller Flop. Dennoch war Chrylser von 1936 bis 1949 auf seinem Zenith und hatte bei der Zahl in den USA gemeldeter Autos nur den Riesen General Motors vor sich.

50-51 Durch eine Reihe aerodynamischer Neuerungen gelang es dem Designer des Airflow Carl Breer, ein Auto zu entwickeln, das 40 Prozent weniger Luftwiderstand hatte als Konkurrenzmodelle.

Um dessen Robustheit zu demonstrieren, flog ein Airflow in einem Kinospot über eine vierunddreißig Meter hohe Klippe und fuhr nach der Landung weiter. Am zehnten Geburtstag des Unternehmens 1934 war alles bereit zu seiner Einführung. Der Airflow, erhältlich als vier- oder zweitürige Coupé-Version, wurde auf der New York Auto Show präsentiert und kam unter zwei Markennamen auf den Markt: als der luxuriösere Chrysler mit einem Achtzylinder und als der spartanische De Soto, der einen Sechszylinder hatte.

Dennoch erwies sich der Wagen als Fiasko, nicht nur wegen seines Designs, das als für seine Zeit zu futuristisch galt. Das Hauptproblem war die schlechte Qualität der ersten 3 000 Modelle. So löste sich etwa bei einer Geschwindigkeit von über 130 Stundenkilometern der Motor aus seinen Halterungen.

Trotz Wachstums des amerikanischen Marktes nach der Großen Depression, fielen die Absätze bei Chrysler, wobei De Soto mehr litt, da die Marke nur den Airflow hatte. 1935 versuchte Chrysler, die Situation mit der Einführung des Airstream zu retten. Er hatte ein aerodynamisches Äußeres, aber ein herkömmlicheres Design, das den Publikumsgeschmack besser traf. Die Taktik zahlte sich aus: Auf jeden gebauten Airflow kamen vier Airstreams. Das Airflow-Abenteuer endete 1937 nach einer unspektakulären vierjährigen Karriere mit weniger als 30 000 verkauften Autos. In den kommenden Jahrzehnten setzten indes auch andere Hersteller auf Aerodynamik, erfolgreich zum Beispiel 1938 Peugeot mit dem 402.

Es war einmal in Amerika

52-53 Der PT Cruiser von 2006 weicht von der vorherigen Version bei der Form der Scheinwerfer und des Kühlergrills ab. Anders als beim Urmodel von 2000 setzt sich der Grill unterhalb der Stoßstange nicht fort, was seine nostalgische Wirkung etwas schmälert.

53 oben Das Interieur des ersten PT Cruiser war durch zwei symmetrische Konsolen vor Fahrer und Beifahrer geprägt. Mit der Umgestaltung wurde das Armaturenbrett eckiger und ist voller Bezüge zur Vergangenheit, angefangen bei einer altmodischen analogen Uhr über den Belüftungsschlitzen.

Vielleicht wegen seiner bahnbrechenden Rolle und ungeachtet des kommerziellen Flops, beschloss Chrysler an den Airflow zu erinnern und stellte 1999 den PT Cruiser vor. Dieser nahm das Design seines glücklosen Ahnen auf und brachte es in einen modernen und zweckmäßigeren Kontext, paradoxerweise war seine Aerodynamik aber weniger entwickelt als die seines Vorgängers.
Entworfen von Bryan Nesbitt – der im Anschluss zu General Motors wechselte und an der Produktion eines praktisch identischen Modells, dem Chevrolet HHR, mitwirkte –, war der PT Cruiser in Europa weniger erfolgreich als andere Retro-Autos wie der New Beetle von VW oder der neue Mini. Was nicht nur daran lag, dass er von einem auf dem Kontinent wenig bekannten Auto inspiriert war, sondern am Wagen selbst. So hatte er eine mäßige Verarbeitung und dürftige Ergebnisse in Sicherheitstests. Zwischen 2004 und 2008 wurde eine Cabrio-Version gebaut. Doch Anfang 2009, mitten in der Wirtschaftskrise, gab Chrysler das Aus für den PT bekannt. Der folgende Kontrakt mit Fiat sicherte indes das Überleben des Wagens, der es irgendwie geschafft hat, ein Jahrzehnt zu überdauern, ohne je seinen rebellischen Look aufgegeben zu haben.

54 und 54-55 Das PT Cruiser Cabrio wurde 2004 auf der Auto Show in Detroit präsentiert. Für diese Version mussten die amerikanischen Designer die Hecktüren entfernen und aus Sicherheitsgründen einen spektakulären Überrollbügel in der Farbe der Karosserie anbringen. Das Dach war aus Stoff. Das in Toluca, Mexiko, produzierte PT Cruiser Cabrio war mit wenig Erfolg von 2004 bis 2008 auf dem Markt. Verglichen mit anderen Cabrios hatte es jedoch Komfort. Die beiden Heckinsassen hatten es wirklich bequem auf dem geteilten Rücksitz, der sich umklappen ließ. In den USA wurde der Wagen auch mit einem leisen Motor verkauft. In Europa wurde dagegen nur die 2,4-Liter-Turbo-Version importiert, um seine Exklusivität zu betonen, da die Performance, die dieser Motor bot, fast übertrieben war, wenn man bedenkt, wie dieser Wagentyp oft genutzt wird.

GT
2.4L TURBO

Fiat 500

FIAT

Kleine Größe, großer Absatz

58 oben Das Bild aus den späten 1940ern zeigt eine Produktionsphase des 500 Topolino (italienisch für Micky Maus). Das Auto wurde 1936 auf Verlangen Benito Mussolinis entwickelt, der einen Wagen für die Motorisierung Italiens wollte, wie Adolf Hitler es in Deutschland mit dem Käfer machte.

Für die Bedeutung des Autos in der italienischen Geschichte ist ein Name mehr als alle anderen herausragend: der Fiat 500.

Genau genommen gab es vier Generationen des Fiat 500. Der 500 von 1936, besser bekannt als „Topolino" – italienisch für Mäuschen, aber auch Micky Maus – war der erste in großen Stückzahlen produzierte Kleinwagen. Der „wahre" 500, derjenige, der im kollektiven Gedächtnis bleibt und um den es hier geht, ist jedoch die Version von 1957. 3,7 Millionen Stück wurden gebaut und der „wahre" 500 hatte großen Einfluss auf die Motorisierung Italiens.

1991 und 1998 nahm die Geschichte einen kleinen Umweg über den Cinquecento, aber 2007 kehrte der 500 zurück, inspiriert vom Ruhm vergangener Generationen, indes mit einem völlig anderen Ansatz bezüglich Abmessungen und Technik.

Der „Micky Maus" 500 von 1936 war im Vergleich zum Rest der Fiat-Palette ausgesprochen schlicht und preiswert, wobei Autos damals noch ein Luxus waren, den sich nur wenige leisten konnten.

Das änderte sich nach dem Zweiten Weltkrieg, zum Teil aufgrund der Suez-Krise, durch die der Ölpreis nach oben schnellte und damit die Nachfrage nach sparsameren Autos ankurbelte. 1953 warb die Deutsche Fiat in Turin für ein relativ spartanisches Auto, das eigentlich eine Kreuzung zwischen Motorrad und Auto mit Heckmotor war. Dante Giacosa, der legendäre Technik-Chef von Fiat, beschloss, das Vorhaben nach seinen eigenen Vorstellungen zu entwickeln, von denen einige schon beim 600 zur Anwendung gekommen waren. Der Prototyp 110, wie er intern hieß, wurde der Fiat-Leitung Ende 1955 präsentiert und sofort begeistert genehmigt. In weniger als zwei Jahren war der neue 500 geboren, in „neuer" Aufmachung, um sich von der alten „Micky Maus" abzugrenzen.

Dennoch war dieses „Ei" auf vier Rädern fast zu spartanisch: Es hatte weder Rücksitze, noch zu öffnende Fenster, kein Scheibengebläse, keinen Chrom und schaffte kaum 80 Stundenkilometer. Im Grunde fehlte ihm alles, was eine Gesellschaft hätte reizen können, die begann, vom besseren Leben zu träumen. Auch der Preis war nicht sehr verlockend. Der neue 500 kostete 490 000 Lire, relativ teuer, wenn man bedenkt, dass der viel schnellere und attraktivere Fiat 600 nur 590 000 Lire kostete.

58-59 Die Modelle A und B mit vertikalem Kühlergrill und aufgesetzten Scheinwerfern ließen den 500 den Krieg überstehen. Der umfassend modernisierte Type C kam 1949 mit einem horizontalen Grill und integrierten Scheinwerfern auf dem Markt und wurde bis 1955 gebaut.

Dementsprechend mau fiel der Zuspruch für den 500 aus, sodass Fiat nur drei Monate später Maßnahmen ergriff, auf einen 0,579-Liter-Motor und von 13 auf 15 PS aufstockte und beim Preis nachbesserte. Der neue „normale" 500 war gleich teuer, bot aber deutlich mehr Ausstattung; der „ökonomische" 500 war dagegen fast genauso spartanisch wie das Original, dafür aber 25 000 Lire billiger. Den Kunden, die das Auto schon drei Monate zuvor gekauft hatten, bot Fiat eine Erstattung der Preisdifferenz oder die kostenlose Umrüstung auf den Standard des neueren Modells an. Diese aus der Not geborene Taktik verhalf dem Wagen zu eine langen Karriere und machte den 500 zum unangefochtenen König der Kleinwagen.

1958 baute Fiat das von einem neuen Motor mit 21 PS angetriebene Sportmodell mit einem Dach je zur Hälfte aus Stoff und Metall, das sich vorn öffnen ließ und hinten leicht erhöht war, um den Heckinsassen mehr Bequemlichkeit zu verschaffen. Diese Änderungen führten zu der klassischen Struktur des 500, die bis zum Ende seines kommerziellen Lebens beibehalten werden sollte. Im gleichen Jahr ließ das Unternehmen das „neu" im Namen weg und kehrte schlicht zu „500" zurück.

Das Auto blieb bis 1975 in Produktion, bevor es für den drei Jahre zuvor herausgekommenen 126 Platz machte. Gleichzeitig blieb der Kombi Giardiniera, der 1960, wenn auch unter dem Namen Autobianchi herausgekommen war, bis 1977 auf dem Markt.

Der 500 ist tief in der italienischen Kultur verwurzelt. So gibt es nur wenige in Italien gedrehte Filme aus den Sechzigern und Siebzigern, in denen das Auto nicht vorkäme, und er hatte mehr als Kleinauftritte in Filmen wie „The Motorized" (1961), „Capriccio all'italiana" (1968), „Ich habe sie gut gekannt" (1965), „Wir waren so verliebt" (1974) und „One Hundred Steps" (2000). 2001 spielte er eine tragende Rolle in dem passend betitelten Roadmovie „500!". Auch wurde der 500 oft besungen, etwa 1980 von Enzo Avitabile in seinem Hit „Si Vede" oder 1992 von Elio e le Storie Tese in ihrem Song „500". Und natürlich fand er auch zahllose Erwähnungen in der Autoliteratur. Er ist so charismatisch und identitätsstiftend, dass er bei den unterschiedlichsten Anlässen als Repräsentant Italiens eingesetzt wird. So brachen Weihnachten 2009 in Bozen drei mit in ganz Europa eingesammelten Briefen an den Weihnachtsmann bestückte 500 auf, um sie an dessen legenden-umwobenen Wohnsitz Rovaniemi abzuliefern.

Unter wirtschaftlichen Aspekten gesehen ist das Auto jedoch vorwiegend ein italienisches Phänomen mit anhaltend internationaler Resonanz. So spielte der 500 eine bedeutende Rolle in der japanischen Zeichentrickserie „Lupin III", dem Disney-Animationsfilm „Cars" (2006) und im Videospiel „Gran Turismo 4", wo er neben Superautos deutlich höheren Formats zu sehen ist.

60 Der Topolino 500 war nicht wirklich billig. Er kostete das zwanzigfache des Durchschnittslohns eines gelernten Fabrikarbeiters. Wer ihn sich leisten konnte, nutzte ihn nicht nur als „Freizeitauto" wie dieses Modell, das einen Wohnwagen schleppt.

60-61 Er hatte zwar nicht den großen Erfolg des Käfers, dafür war der Topolino das erste Economy-Auto der Geschichte, das in Massenproduktion hergestellt wurde. Fast 600 000 Wagen wurden in einer Zeitspanne von nahezu 19 Jahren gebaut, einschließlich der Zeit des Zweiten Weltkriegs.

parrucchiere
per
FIAT

62 oben Der Neue 500 („Neu“ diente seiner Unterscheidung vom Topolino 500) wurde 1956 präsentiert und blieb mit 3 700 000 gebauten Fahrzeugen bis 1975 in Produktion. Es war dieses Modell, das Italien mehr als jedes andere motorisiert hat. Trotz geringer Größe und mäßigem Komfort wurde es für viele zum Familienauto. Die Rücksitze konnten zwei Kinder aufnehmen und der Kofferraum hatte eine sehr begrenzte Kapazität, was aber nicht von Autoreisen abhielt – eine Tatsache, die angesichts unserer modernen Reisegewohnheiten unglaublich scheint.

62-63 Die letzte Version des 500 namens R (was für Rinnovata steht) wurde drei Jahre lang parallel mit dem 126 gebaut und 1975 abgesetzt. Das Ableben des 500 hingegen überlebte die Kombi-Version, die unter dem Namen Autobianchi bis 1977 weiterproduziert wurde.

63 Diese Zeichnung zeigt einige verschiedene Versionen der Limousine. Es wurden auch Luxus- und Sportvarianten von Spezialisten wie Moretti und Giannini verkauft sowie zahllose, in ganz Italien gefertigte Sonderausgaben.

64-65 Durch seinen enormen und raschen Erfolg wurde der 500 schnell zu einem Kulturphänomen, das bald auch die Modewelt beeinflusste, wie diese ungewöhnliche Auto- und Modenschau am 24. September 1968 auf der Place de la Concorde in Paris beweist.

1318 WW 94

1317 WW 94

Von seinem Vorgänger, dem Cinquecento der Neunzigerjahre, hat er nur wenig übernommen. Dieser hatte einen Frontmotor und eine kastenförmige, reizlose Karosserie, deren Abmessungen und Platzangebot nicht miteinander harmonierten. Um die Produktionskosten jedoch niedrig zu halten, musste der Wagen in Russland und später in Polen gebaut werden, wohin man bereits die Produktionsbänder für den 126 verlagert hatte. Er hatte Scheibenbremsen, Schrägheck und optional Klimaanlage, eroberte aber nie die Herzen der Autofahrer, von denen viele meinten, er hätte sich eines geschichtsträchtigen Namens bemächtigt, ohne je das gleiche Charisma besessen zu haben.

Gebaut wurde der Cinquecento von 1992 bis 1998, bevor er neu designt und in Seicento – 600 – umbenannt wurde, zum Teil als weitere Anspielung auf historische Parallelen.

Anfang des 21. Jahrhunderts – beflügelt durch die vom VW New Beetle, Chrysler PT Cruiser und vor allem vom Mini von BMW ausgelöste Nostalgiewelle – beschloss Fiat, dass es an der Zeit sei, den 500 auf interessantere Art als 1991 wiederzubeleben. Diesmal wollte man eine Karosserie und ein Interieur nutzen, das Merkmale des „wahren" 500 aufwies, die modernere, vom Panda übernommene Technik unterschied sich jedoch völlig von der des Originals. Um den Bogen zu diesem enger zu spannen, wurde der umgearbeitete 500 am 4. Juli 2007 vorgestellt, auf den Tag genau fünfzig Jahre nach seinem illustren Vorgänger.

Der heutige 500 ist bulliger, technisch ausgereifter, besser ausgestattet und leistungsstärker; der Abarth etwa erzielt über 200 Stundenkilometer. Er ist kein Massenmodell mehr, sondern dem Markenimage zuliebe ein kokettes und teures Auto mit nahezu inszenierten, manche würden sagen profilierungssüchtigen Umgestaltungen.

Jedermanns Liebling

66-67 Das Schiebedach aus Segeltuch war eins der Markenzeichen des ersten 500. Als Fiat beschloss, sein berühmtestes Modell 2007 wiederzubeleben, berücksichtigte man dieses Charakteristikum und präsentierte im Frühjahr 2009 den 500 C (für „Cabrio") mit dem gleichen Dachöffnungssystem, das jetzt aber elektrisch funktionierte.

68-69 Der heutige 500 unterscheidet sich technisch stark von dem von 1957. Er hat Vorderradantrieb und einen Frontmotor, aber sein Stil bleibt dem Original ziemlich treu. Tatsächlich ist er, weil er die Vergangenheit so heraufbeschwört, Fiats Waffe für die Rückkehr auf den amerikanischen Markt, wo man hofft, dass das Auto dort wie in Europa zur Ikone wird.

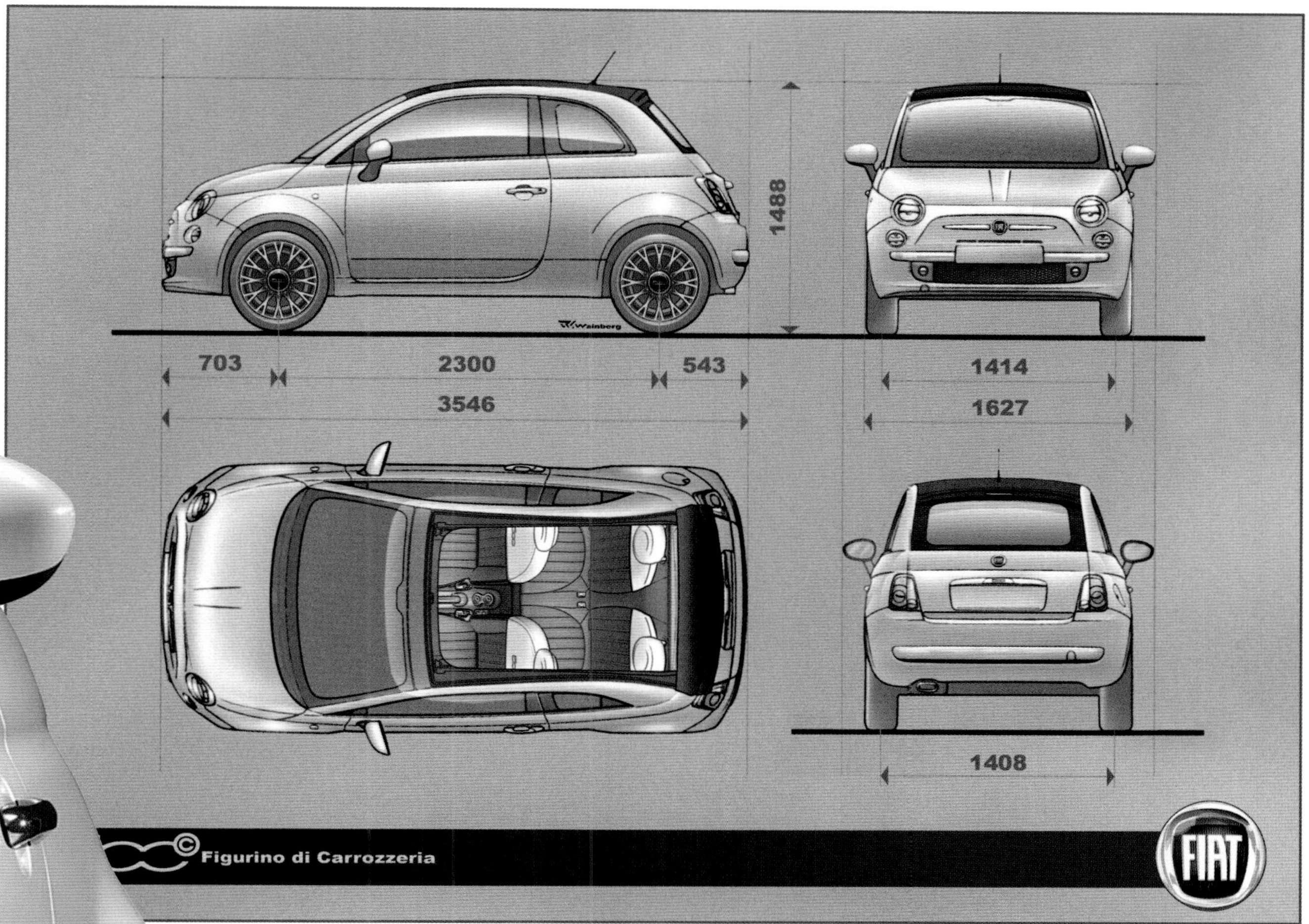

Carrozzeria Castagna, Diesel, Aznom und Mattel, deren Barbie ihren fünfzigsten Geburtstag mit einem 500 feierte, haben mit Fiat an Versionen des Autos gearbeitet. Romeo Ferraris steuerte seine leistungsstarke Bearbeitung einer modifizierten Version bei, die mit 364 PS auftrumpfte und beim Sechsstundenrennen von Vallelunga antrat.

Um nationale und internationale Aufmerksamkeit zu erregen, war die Turiner Präsentation des Wagens eines Königs würdig. Die Live-Übertragung im Fernsehen zeigte unter anderem einen auf einem Riesenrad über London schwebenden 500, ein anderer wurde in Berlin in einen U-Bahnwagen geladen.

2009 trat das Auto bei der New Yorker Auto Show auf, um die Rückkehr von Fiat nach Amerika zu avisieren. Die Zeit muss nun zeigen, ob auch die Amerikaner dem subtilen Charme des „italienischen Lieblingsautos" erliegen werden.

69 Selbst die Abmessungen unterscheiden sich ziemlich vom alten 500, der kürzer als 3 Meter war und weniger als 700 Kilogramm wog. Der heutige Wagen jedoch ist kein spartanisches, supersparsames Auto, sondern eine Kompaktlimousine, die schick sein will wie der neue MINI, der den Weg zeigte.

Volkswagen Käfer und New Beetle

Die deutsche Revolution

Das Brummen seines luftgekühlten Motors war einst der Soundtrack des deutschen Wirtschaftswunders. Kurioserweise hätte der von Ferdinand Porsche auf Hitlers Anweisung hin entwickelte Wagen ohne die Entschlossenheit der britischen Armee niemals Erfolg gehabt. Aber der Reihe nach.

Im Jahr 1934 gab Hitler Pläne für ein für jedermann erschwingliches Auto bekannt, den „Volkswagen". 1936 durchliefen die Prototypen mit Heckmotor und Hinterradantrieb die ersten Tests, auch der charakteristische Käfer-Look nahm schon Gestalt an. Laut Hitler sollte das Auto KDF-Wagen heißen – KDF war das Kürzel der NS-Organisation „Kraft durch Freude". Der Name mochte zwar scheußlich gewesen sein, die technischen Neuerungen der Designer und Produzenten versetzten jedoch alle in Bewunderung, vor allem angesichts des angekündigten Preises von nur 1000 Reichsmark.

Zwar hatte der Käfer für einige mehr als nur eine Spur mit dem Tatra V570 gemein, den Hans Ledwinka 1933 in der Tschechoslowakei entwickelt hatte, was aber nichts an der beträchtlichen Bedeutung des Wagens änderte. Sein Leichtmetallmotor, die Einzelradaufhängung und die Startautomatik waren neben anderen Neuerungen ihrer Zeit weit voraus. 1939 gab der KDF-Wagen sein Debüt, wegen Ausbruch des Zweiten Weltkriegs wurde die zivile Produktion jedoch vom Militär übernommen. Zahllose Kriegsfilme machten „uniformierte" Versionen des Autos bekannt, und der Käfer wurde mit Namen wie Kommandeurwagen, Kübelwagen und, in seiner Amphibien-Version, Schwimmwagen geehrt. Nach dem Krieg befand sich das Volkswagen-Werk dennoch am Boden.

Just zu diesem Zeitpunkt schickte die britische Armee Major Ivan Hirst ins Wolfsburger Werk. Man hatte ihm erklärt, es genüge, „wenn jemand vor Ort ist, also sitz einfach da, das reicht". Der 29-Jährige kam zu dem Schluss, dass die Maschinen zum größten Teil hatten gerettet werden können, und man die Produktion von Fahrzeugen für die Streitkräfte der Queen wieder aufnehmen konnte. Nach Test eines Prototyps unterschrieben seine Vorgesetzten eine Bestellung für 20 000 Autos.

VW war zurück, ungeachtet des Umstands, dass das zerstörte Dach des Werks noch immer mit Zweigen und Planen geflickt wurde. Allerdings ließ es sich nicht an, wie erhofft, und man kam nur dank der Hartnäckigkeit von Hirst voran, der die ersten sechsundfünfzig gebauten Autos in die Niederlande vermittelte; Lieferungen nach Belgien, Dänemark, Luxemburg, Schweden und in die Schweiz folgten. Das bescherte dem wiedergeborenen Unternehmen die erste harte Währung: 21 Millionen Mark aus dem Verkauf von 4 464 Käfern im Jahr 1948.

1949 wurde das Werk wieder zurück an die Deutschen und in die Hände von Geschäftsführer Heinrich Nordhoff gegeben, der erklärte: „Der Käfer hat so viele Nachteile wie ein Hund Flöhe." Nichtsdestotrotz motorisierte das ulkige kleine Auto dank seiner sturen Zuverlässigkeit Deutschland fast im Alleingang. Bis 1950 hatte das Unternehmen 100 000 Autos gebaut, drei Jahre später waren es insgesamt bereits 500 000. Diese Steigerung machte 42,5 Prozent des deutschen Automarkts aus und sie hielt unvermindert an, sodass 1955 der millionste Käfer, ein goldenes Auto, dessen Chrom mit wertvollen Edelsteinen ausstaffiert war, produziert wurde.

72 oben Die Skizze des künftigen VW Käfer zeichnete Adolf Hitler im Sommer 1932 in München. Der Diktator brachte das Projekt in der Hoffnung voran, es würde Deutschland motorisieren. Auch das berühmte Netz von Autobahnen, das die Nation durchzog, wurde gebaut.

72-73 Hitler bei einer Rede auf dem Podium während einer Zeremonie zur Grundsteinlegung des Volkswagenwerks in der Stadt Wolfsburg. Vor ihm stehen ein paar Prototypen des Käfers, darunter auch eine Cabrio-Version.

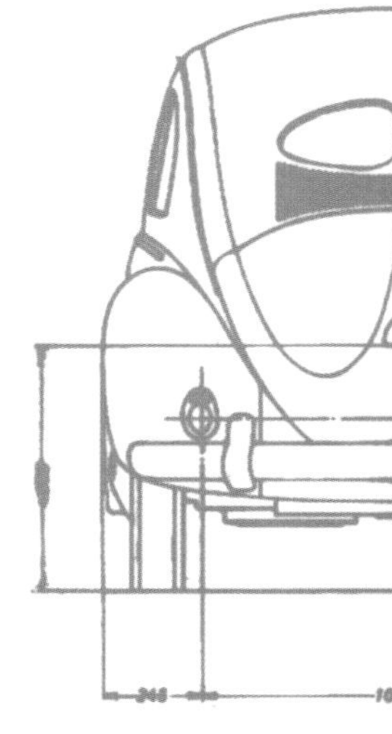

74 oben Ferdinand Porsche (links) diskutiert das Design des Käfers mit seinem Sohn Ferry. Es ist kein Zufall, dass der erste Porsche namens 356 viele technische Neuerungen, angefangen beim Boxermotor, mit dem Käfer teilte.

74-75 Obwohl die Design- und Entwicklungsphase für den Käfer vor dem Ausbruch des Zweiten Weltkriegs angelaufen war, ging die PKW-Version erst danach in Produktion, zehn Jahre nach Hitlers ursprünglicher Voraussage.

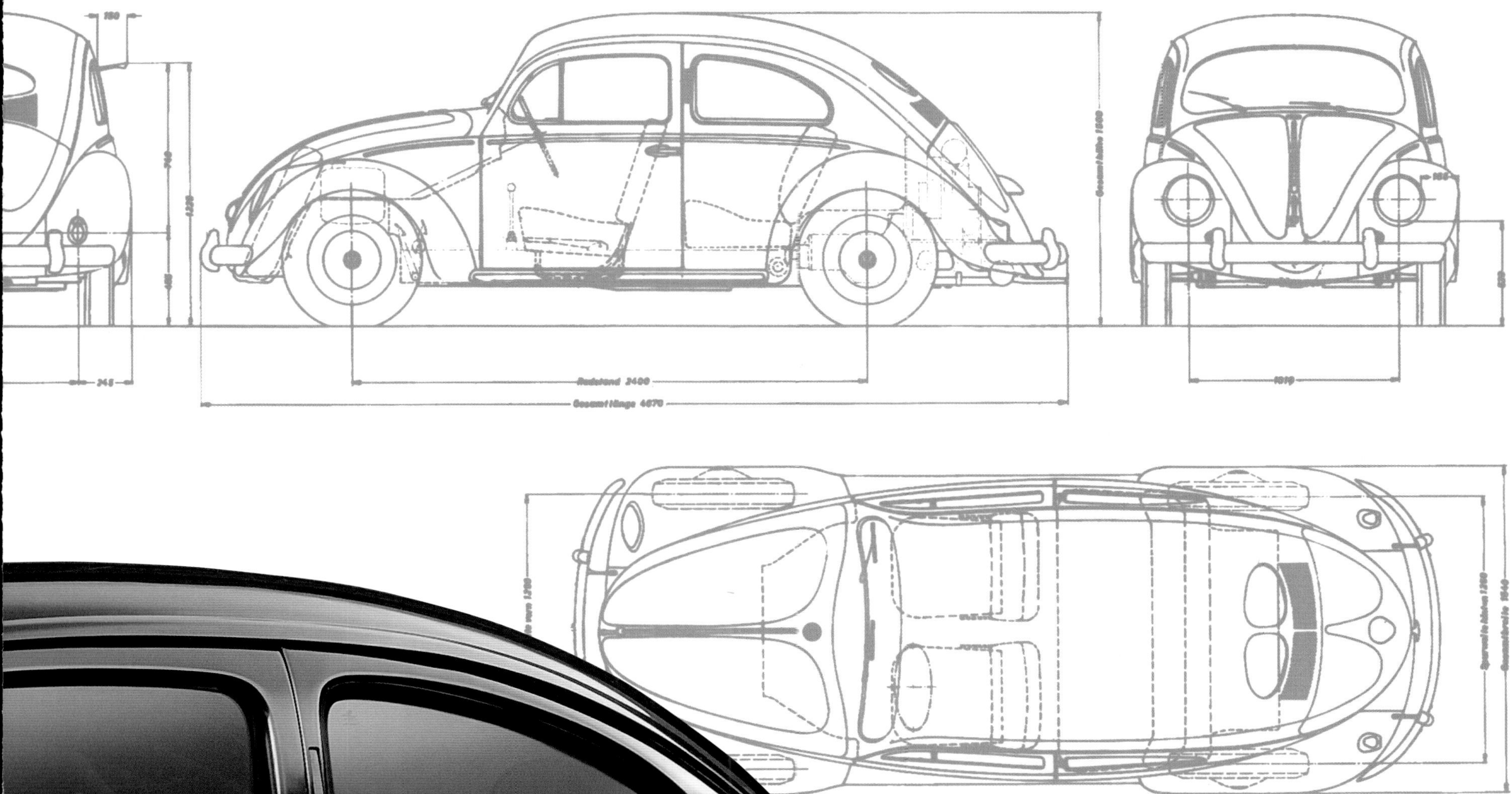

75 oben Den ersten Käfer charakterisierten, wie diese Zeichnungen zeigen, das geteilte „Brezelfenster", eine kleinere Windschutzscheibe und in einem anderen Winkel als auf späteren Modellen montierte Scheinwerfer.

76-77 Das Volkswagenwerk ging nach mehreren Jahren unter britischer Militärkontrolle 1949 wieder an die Deutschen zurück. Im ersten Jahr wurden 100 000 Autos produziert, 1955 erreichte man die Millionenmarke.

78 oben Ein Werbeplakat aus den Fünfzigern. Seit seiner Markteinführung gab es viele großartige Werbekampagnen für den Käfer, die oft ironisch waren. Einer der populärsten Werbesprüche war „Luft kocht nicht", was die Verlässlichkeit seiner luftgekühlten Motoren betonte und sich über die Wasserkühlung der Konkurrenz lustig machte.

78 unten Ein Volkswagen-Arbeiter posiert vor einem Käfer mit einem Miniaturmodell des amerikanischen Ford T in der Hand. Am 17. Februar 1972 brach der Käfer dessen Verkaufsrekord von 15 007 033 gebauten Fahrzeugen.

78-79 Der deutsche Frachter Ravenstein nach Entladung einer Sendung Volkswagen am 11. März 1956 auf dem Pier von Baltimore. Der Käfer war auf dem amerikanischen Markt stets sehr beliebt, sodass man, um die Nachfrage befriedigen zu können, mit seiner Produktion in Mexiko begann.

80 Ein Arbeiter kontrolliert das Eintauchen einer Karosserie in ein Farbbad. 1965 gab es in Deutschland fünf Produktionsstätten für das Auto mit einem Gesamtausstoß von jährlich einer Million Käfer.

1965 gab es fünf Werke, die eine Million Autos produzierten: Hannover, Kassel, Braunschweig, Emden und das Stammwerk in Wolfsburg. Die Verbesserungen waren so beständig, dass man beim Vergleich mit einem Wagen der ersten Generation herausfand, dass sich von insgesamt 5008 Bauteilen 5002 verändert hatten.

Neben anderen Veränderungen verschwand mit der Zeit das „Brezelfenster", und die Scheiben wurden insgesamt größer. Die sprichwörtliche Stärke des Autos und sein Geist blieben indes demokratisch. Jeder konnte es sich unabhängig von Status und Einkommen leisten.

Auch das „Lifting" von 1967 änderte daran nichts. Zwar wurden die Scheinwerfer runder und vertikaler, die Stoßstangen eckiger und wuchtiger, die Rückleuchten größer und heller, und die Bordspannung stieg von sechs auf zwölf Volt. Der Wagen blieb jedoch so unverwechselbar wie eh und je.

Selbst die Einführung des Käfers der Siebziger-Ära konnte dem Wagen nichts anhaben. Das neue Modell hatte mehr Rundungen, eine durchdachtere Vorderradaufhängung, war insgesamt geräumiger mit mehr Platz für Gepäck und wurde schließlich um eine gewölbte Windschutzscheibe und ein neues Armaturenbrett ergänzt.

Das Märchen neigte sich gleichwohl seinem Ende zu, auch wenn am 17. Februar 1972 Käfer Nummer 15 007 034 vom Band lief und damit Fords Model T, das bis dahin meistverkaufte Auto der Welt, übertrumpfte. Nach nur zwei weiteren Jahren wurde, um Platz für den Golf zu schaffen, die Produktion in Wolfsburg eingestellt, das man nun als „Wiege des Käfers" kannte und in dessen Werk fast zwölf Millionen Käfer gebaut worden waren.

1978 wurde die Produktion in Europa ganz aufgegeben, nur das Cabrio lief noch zwei Jahre von europäischen Montagebändern. Ab dann kamen die in Europa verkauften Autos aus mexikanischen Fertigungsstätten in Puebla, wo 1981 der zwanzigmillionste Käfer gebaut wurde – und am 31. Juli 2003 das letzte Modell, Nummer 21 529 464. Es gehörte zur Sonderserie „Ultima Edición", war blau und mit Blumenmustern in den Farben der mexikanischen Flagge verziert und wurde durch einen 1,6-Liter-Benziner mit 45 PS angetrieben, der letzte Auftritt des vom ersten Prototypen stammenden Vierzylinder-Boxermotors, der 700 Kubik und 22 PS hatte.

80-81 Der Käfer ist sich immer treu geblieben. Die den Auflagen und Normen mancher Länder geschuldeten Änderungen betrafen etwa vertikaler und effizienter werdende Scheinwerfer, die Blinker an Modellen für die USA, die ab den Siebzigerjahren bei allen Modellen Standard wurden, und eine weiter umfassende Stoßstange.

Der Käfer-Wahn beschränkte sich nicht auf Europa, selbst die USA erlagen seinem Charme, die Wartezeit betrug 1963 bis zu fünf Monate. Unterdessen machte der Käfer auch eine Schauspielerkarriere. 1969 produzierte Disney den Film „Ein toller Käfer" über ein Auto mit menschlichen Gefühlen, das imstande ist, richtige Sportwagen in Rennen zu schlagen.
Ein Riesenhit mit mehreren Fortsetzungen: „Herbie groß in Fahrt" (1974), „Der tolle Käfer in der Rallye Monte Carlo" (1977), „Herbie dreht durch" (1980) und „Herbie: Fully Reloaded" (2005) sowie die TV-Serie „Herbie the Matchmaker" und der TV-Film „Ein Käfer kehrt zurück" (1997).

82 „Ein toller Käfer" hieß ein Film von Robert Stevenson, der 1969 ein immenser Kinohit war und viele Fortsetzungen hatte.

82-83 Die Filmreihe, die mit „Ein toller Käfer" begann, ist voll spektakulärer Szenen, atemberaubender Verfolgungsfahrten und komischer Situationen. Neben den fünf Kinofilmen gab es eine TV-Serie und einen eigenen Fernsehfilm.

1994 zeigte Volkswagen auf der North American International Automobil Show in Detroit den Prototyp des Concept 1. Sein Design, im kalifornischen Simi Valley entwickelt, war ohne Frage vom Original-Käfer inspiriert, der in Mexiko noch in Produktion war. Das Echo in Detroit war triumphal, und bald darauf wurde auf dem Autosalon Genf eine Cabrio-Version präsentiert. 1998 kam das Serienmodell namens New Beetle auf den Markt. Der New Beetle wurde ebenfalls in Puebla gefertigt, hatte aber trotz des Designs wenig mit seinem Vorgänger zu tun. Genau genommen basierte er auf der Technik des Golf, mit Frontmotor und Vorderradantrieb. Der Golf bot allerdings viel mehr Platz für Insassen und Gepäck. Zudem war der New Beetle teuer und sein Motor eher unterdimensioniert und mangelhaft. In den USA verkaufte er sich respektabel, in Europa dagegen wurde das Auto kaum beachtet, was dazu führte, dass an seinem zehnten Geburtstag 2008 nur eine Million New Beetles gebaut worden waren. Um den Absatz anzukurbeln, kam 2003 ein Cabrio heraus, das 2005 bei Design und Motorisierung nachgebessert wurde. Dennoch wurde auf der Los Angeles Auto Show 2009 die „Final Edition" vorgestellt, mit der die Karriere des Erben des legendären Käfer endete, der mehr als jeder andere Wagen das Bild des zuverlässigen deutschen Autos begründen half.

84 Für viele Autofahrer verkörperte der Käfer Freiheit. Er wurde für Ausflüge und Abenteuer aller Art genutzt, trotz Einschränkungen durch den kleinen Laderaum und wenig Platz im Inneren, vor allem für die Heckinsassen.

85 Trotz seiner deutlichen Ähnlichkeit mit dem Original-Käfer, eroberte der Ende der Neunziger geborene New Beetle nicht die Herzen der Fans, wie VW gehofft hatte. Tatsächlich dauerte seine Karriere nur zwölf Jahre, eine bescheidene Zahl im Vergleich zu den beachtlichen fünfzig Jahren des Originals. In den USA hatte er jedoch erheblich mehr Glück, vor allem die Cabrio-Version, die wie ihr Vorgänger ein Stoffdach hatte, das auch zusammengefaltet sichtbar blieb.

86-87 Ein Kritikpunkt am New Beetle war, dass er so groß wie ein Golf war, aber weniger Platz für Einkäufe oder Gepäck und Insassen bot. Außerdem war er teuer, was ihn stark von einem der Merkmale unterschied, auf dem der Käfer seine Legende begründete: Erschwinglichkeit.

88-89 Der New Beetle hatte stets eine Seele, die über Europa hinauswies. Schließlich war er im California Design Center von Volkswagen entwickelt worden und wird noch immer im mexikanischen Puebla produziert, wo der Ur-Käfer bis 2003 gebaut wurde.

Jeep Willys und Wrangler

Der Star des Kriegs

Autos zeigen keine Gefühle, können aber sehr wohl welche wecken wie Spaß oder Stolz und beim Jeep kann man wohl noch Dankbarkeit hinzufügen. Denn laut General George Marshall war der Jeep Amerikas bedeutendster Beitrag zur modernen Kriegsführung. Für Dwight Eisenhower, Oberbefehlshaber der Alliierten in Europa und später amerikanischer Präsident, war er neben den Dakota Transport- und Landflugzeugen das wichtigste Requisit für eine erfolgreiche Kriegsführung.
1935 entstand beim amerikanischen Militär der Wunsch nach einem leichten Fahrzeug, und der Kriegsausbruch machte daraus ein dringendes Bedürfnis. Am 11. Juli 1940 legte eine Militärkommission die Vorgaben für ein 4x4-Aufklärungsfahrzeug fest. Teilnehmer an dem Wettbewerb sollten binnen elf Tagen einen Antrag einreichen, binnen neunundvierzig Tagen einen Prototyp und binnen fünfundsiebzig Tagen siebzig Modelle bauen.
Nur drei Autohersteller nahmen die Herausforderung an: American Bantam, Ford und Willys-Overland. Obwohl Willys die günstigste Variante vorlegte, erhielt Bantam den Zuschlag, weil er als einziger Hersteller die Lieferfristen einhalten konnte.
Doch die Firma war klein und konnte die Ansprüche des Kriegsministeriums alleine nicht erfüllen. So wurden die Entwürfe auch an Ford und Willys-Overland zur Kooperation gegeben. Die Endprodukte – Bantam BRC-40, Willys MA und Ford GP – wurden akzeptiert und jeweils 1 500 Stück geordert.
Im Juli 1941 benötigte man Nachschub von 16 000 Fahrzeugen und entschied sich für die Willys-Version wegen ihres leistungsstärkeren Motors und geringerer Herstellungskosten. Der MB war geboren. Trotzdem musste man zudem zu einer Lizenzproduktion von Ford greifen – den GPW –, um die geforderte Stückzahl zu erreichen. Bantam, der Urheber des Konzepts, musste sich indessen mit einem Vertrag über den Bau von Anhängern begnügen.
Es gibt mehrere Theorien zum Ursprung des Namens „Jeep“. Die bekannteste lautet, er stamme von der Aussprache der Initialen GP, was für „General Purpose“ („Vielzweck“) stand und die Fähigkeiten dieser Fahrzeugkategorie kennzeichnete.
Erste Modelle waren sehr rustikal. Sie hatten eine quaderförmige Haube, ein durch seitlich eingehängte Bänder gesichertes Cockpit und eine einklappbare Windschutzscheibe.

92-93 Der originale Willys MB trat im Zweiten Weltkrieg mit einem 2,2-Liter-Benziner mit 61 PS an, der nicht für bestes Fahrverhalten oder Leistung sorgte. Die Höchstgeschwindigkeit auf Asphalt betrug knapp 100 km/h. Aber das Wichtige an ihm war, dass er überall hinkam und scheinbar unverwüstlich war – und diese Vorgaben erfüllte er vollständig.

Um den Stahlverbrauch zugunsten der im Krieg stark beanspruchten Schwerindustrie gering zu halten, dachte man eine Karosserie aus Sperrholz an. Der Schutz der Soldaten hatte aber Vorrang, und man ließ die Idee fallen.

Der Jeep war für jedes Gelände tauglich. Bei einer Vorstellung erklomm ein vollbeladener Willys die Stufen des Capitols in Washington. Modelle für die europäische Front bekamen Zugräder statt Reifen, um auf Schienen fahren zu können.

Bei Kriegsende waren 639 245 für alle alliierten Armeen bestimmte Jeeps vom Band gerollt, wobei 56 Prozent dieser wendigen Gefährte das Willys-Logo trugen, aber durch den Koreakrieg und Anfragen von Armeen weltweit bedeutete dies nicht das Ende. Es kam zu einer Weiterentwicklung des MB, dem M38, der von 1950 bis 1957 gebaut wurde, aber auch die Karriere einer Version für das allgemeine Publikum setzte sich – bis heute – fort.

So kam 1945 der erste CJ oder „Civilian Jeep" auf den amerikanischen Markt. Er nutzte die MB-Plattform mit immer weiteren Entwicklungen und Aktualisierungen. Den 2A gab es bis 1949 und den 3A bis 1953, der berühmteste war jedoch zweifellos der von 1953 bis 1968 gebaute 3B. Sein Design wurde in Lizenz an ausländische Hersteller wie Mitsubishi verkauft, wo man bis 1998 eine Version baute, und an Mahindra, deren Variante man auf manchen Märkten bis heute findet.

Der CJ-5 (1954-1983) brachte eine breitere und leistungsstärkere Motorenpalette, neben dem Vierzylinder, der das Auto von Anfang an geprägt hat, gab es auch Sechs- und Achtzylinder. Der Name CJ-6 wurde für einen unterschätzten Pick-up verwendet. Der CJ-7 (1976-1986) bot dank eines größeren Radstands mehr Platz im Innenraum und moderne Ansätze wie ein optionales Automatikgetriebe und einen neuen permanenten Allradantrieb namens Quadra-Tac. Die Namen CJ-8 (1981-1986) und CJ-10 (1981-1985) wurden ausschließlich für den Pick-up verwendet.

Die Grenzen des CJ-Projekts zeigten sich in den Achtzigern, sodass 1987 der Wrangler eingeführt wurde. Er hatte einen größeren Radstand, eine breitere Windschutzscheibe und eine abgesenkte Karosserie, was weniger Bodenfreiheit bedeutete. Der Gesamtstil erfuhr keine größeren Änderungen, und manche Bauteile waren mit der vorherigen Generation austauschbar. Aber die rechteckigen anstelle der traditionellen runden Scheinwerfer versetzt-en Fans in Aufruhr. Die Motoren waren ein 2,5-Liter-Vierzylinder und ein 4-Liter-Sechszylinder mit solider Leistung, aber horrendem Benzinverbrauch. Bei vorsichtiger Fahrweise erreichte der Wrangler nur sechzehn Meilen (25 Kilometer) pro Gallone (4 Liter).

94-95 Die Größe des Jeeps war eher maßvoll, trotzdem war er schwerer als das deutsche Militärfahrzeug, der Kübelwagen, der aus dem Käfer-Projekt entstand. Der Wyllis war außerdem mobiler und hatte eine hervorragende Geländegängigkeit.

95 1946, ein Jahr nach Ende des Zweiten Weltkriegs, begannen Werbeanzeigen für den Jeep zu erscheinen. Diese zählt die Vorzüge des Fahrzeugs für Farmer und alle auf, die es für zivile Zwecke nutzen wollten. Das kommerzielle Leben des Jeeps fing an.

Die 4x4-Ikone

Die TJ-Generation, die von 1996 bis 2006 gebaut wurde, brachte zur Freude der Fans die runden Scheinwerfer zurück und übernahm von ihrer großen Schwester, dem Grand Cherokee, die durchdachtere und effektivere Aufhängung.

2007 kam die JK-Version mit zahlreichen Veränderungen heraus, darunter eine größere Karosserie und ein komplett neues, dennoch traditionelles Design. Ebenfalls erhältlich waren ein Fünftürer und ein Turbodiesel, der den Bedürfnissen europäischer Fahrer entsprach.

Der Wunsch, diese Ikone der Vergangenheit ins Heute zu übertragen, ist offensichtlich, auch wenn die Formel im Geiste spartanisch bleibt. In letzter Zeit wurde der Wagen durch moderne elektronische Bauteile aufgewertet, und 2008 wurde ein Hybrid-Prototyp mit Benzin-/Elektromotor-Kombination vorgestellt.

Jetzt ist er in den Händen von Fiat. Das Auf und Ab bei Willys-Overland zeigt sich in der Umbenennung der Firma in Jeep Corporation, bevor sie mit American Motors fusionierte, die ihrerseits 1987 von Chrysler geschluckt wurde.

Europäer kommen in den Genuss dieses Kapitels amerikanischer Geschichte nicht nur in den vielen Filmen, die im Zweiten Weltkrieg angesiedelt sind, sondern auch in „zivilen" Produktionen wie zum Beispiel „Der große Frust" (1983), „Terminator" (1984) und „Jurassic Park" (1993) und in den TV-Serien „Das A-Team", „Dallas", „Miami Vice", „Mork and Mindy" und sogar in Zeichentrickfilmen wie „Die Simpsons".

96-97 Der zum 65. Geburtstag 2006 vorgestellte Jeep Wrangler sollte die legendäre Geschichte des 4x4 feiern. Er hatte Kotflügel in der gleichen Farbe wie die Karosserie, statt in üblichem Schwarz graphit-polierte Alufelgen, ein silbernes Armaturenbrett und ein zweifarbiges Interieur.

97 Der erste Wrangler in der Geschichte mit Hecktüren, der Unlimited, wurde 2006 auf der New York Auto Show präsentiert. Der Radstand des Wagens wurde um 43 cm erhöht, was mehr Platz im Inneren für Insassen und Ladung brachte.

98-99 Die jüngste Generation des Wrangler namens JK kommt ausgestattet mit einem Sechszylinderbenziner mit 200 PS. Für die Ansprüche des europäischen Marktes wurde auch ein Turbodiesel mit 177 PS aufgelegt, den er von seiner großen Schwester, dem Cherokee erbte.

Jeep

SAHARA
WRANGLER
UNLIMITED

Land Rover vom Type I bis Defender

Das rostfreie SUV

„Strapazierfähigkeit gründete auf Unbequemlichkeit – wir haben bei Tests mehr Fahrer verschlissen als Autos." Dieser Satz wird einem der Designer des ersten Land Rover zugeschrieben und umreißt knapp aber anschaulich den Fahrzeugtyp, der dem britischen Unternehmen vorschwebte: zäh, pur, unverwüstlich und unaufhaltbar.

Während der Jeep aus kriegsbedingten Bedürfnissen entstand, verdankt sich der Land Rover dem ungewöhnlich harten englischen Winter von 1947. Das Anwesen der Familie Wilks, die Rover leitete, war von sturmgefällten Bäumen übersät, und die Autos des Haushalts waren wenig geeignet, sie wegzuschaffen, was Chefingenieur Maurice Wilks dazu zwang, ein militärisches Raupenfahrzeug anzuschaffen.

Maurice hatte bemerkt, dass sein Nachbar, Colonel Nash, einen Willys Jeep besaß, und es gelang ihm, diesen gegen seine baumräumende Raupe einzutauschen. Als sein Bruder Spencer, der Haupteigner von Rover, Maurice besuchte, war er beeindruckt von dem Jeep. Da Ersatzteile schwer aufzutreiben waren, sorgten sich beide, was passieren würde, wenn der Wagen kaputtging. Die Lösung lag auf der Hand – sie mussten ein englisches Pendant dazu bauen.

Der erste Prototyp hatte nicht einmal einen Namen und verwendete einen schwachen 1,4-Liter-Motor mit 48 PS auf einem grün lackierten amerikanischen Rahmen, den die Royal Air Force im Zweiten Weltkrieg genutzt hatte. Aufgrund der Rationierung von Stahl, der nur an Exportwagen-Hersteller abgegeben wurde, mussten die Wilks auf Aluminium zurückgreifen. Dieses Hindernis erwies sich als äußerst dienlich, da Aluminium leicht und gegen Rost gefeit ist und dazu beitrug, den Ruf des „rostfreien" englischen 4x4-Autos zu begründen. Die Nöte der Nachkriegszeit beeinflussten auch die Form des Wagens. Wegen fehlender Mittel war es unmöglich, Metallformpressen zu erwerben, was dazu zwang, gerade und rechteckige Teile zu verwenden.

Ursprünglich befand sich der Fahrersitz in einer Mittelposition, weil dies die Nutzung des Wagens auf allen Märkten erlaubte, ohne Autos für Rechts- und Linksverkehr anbieten zu müssen. Andererseits verschaffte es Steuererleichterungen, welche die britische Regierung Landwirtschaftsfahrzeugen gewährte. Das war durchaus gerechtfertigt, da dieser Geländewagen dank eines Regierungsbeschlusses, der den Betrieb für die Feldarbeit benötigter Maschinen gestattete, anfangs vorwiegend von Farmern genutzt wurde.

Am Ende der Testreihen fehlte nur noch ein Name. Die Lösung, „Land" vor Rover zu setzen, war letztlich die einfachste und idealste Wahl. Es heißt, die Inspiration für das Logo stamme von der ovalen Form der Sardinenbüchsen, aus denen die Wilks-Brüder in der Testphase ihrer Prototypen aßen.

Der Land Rover Serie I gab sein Debüt 1948 auf der Automesse in Amsterdam. Im Gegensatz zum Prototyp hatte dieses Modell einen 1,6-Liter-Motor mit 48 PS und kantige Vorderkotflügel. Die Begründung der Firma: „Sie sind so, weil es uns nicht möglich war, Aluminium zu formen, und sie bleiben so, weil man eine Tasse Tee darauf abstellen kann."

Der Erfolg übertraf die Erwartungen, aus aller Welt liefen Bestellungen ein. Soldaten und Bauern nutzten den Land Rover, Personen des öffentlichen Lebens wie Winston Churchill oder die Queen, vor allem aber Forscher und Abenteurer rund um den Globus. 1955 machten sich drei Studenten damit von London nach Singapur auf, eine Fahrt, die Rover später kopierte. Es kam zu zahllosen Abenteuern dieser Art, die dem Wagen Publicity verschafften, aber auch dazu beitrugen, ihn zu verbessern.

102 oben Habib Bourguiba, Gründer und erster Präsident Tunesiens nach der Unabhängigkeit von Frankreich, am 1. Juni 1955 stehend auf einem Land Rover bei seiner Rückkehr aus dem Exil.

102-103 Die erste Generation des Land Rover hatte bis nach 1951 keine Luftschlitze im Kühlergrill, um mit den Scheinwerfern zu korrespondieren. Das gezeigte Modell ist so schlicht, dass es nicht einmal Türgriffe hat.

1951 wurden die Scheinwerfer aus dem Kühlergrill an die Außenränder verlagert. Der Motor wurde auf zwei Liter Hubraum vergrößert, das kuriose semi-permanente Antriebssystem durch einen herkömmlichen Allradantrieb ersetzt. Der Radstand des Wagens wurde ebenfalls erhöht, von 80 auf 86 Zoll. Eine Stretch-Version namens 107 – ihr Radstand in Zoll – war geplant. 1957 kam dann die Diesel-Version heraus.

Die Serie II kam zehn Jahre später. Der Benziner war auf 2,2 Liter und 78 PS vergrößert worden, die Karosserie wies kleine Verbesserungen und wurde ebenfalls vergrößert. Der Land Rover wurde in Lizenz nun auch vom spanischen Unternehmen Santa Ana unter dem Namen Santana gebaut, ein Abkommen, das heute noch besteht.

In den späten Sechzigern erlebte die britische Autoindustrie einen Abschwung, viele große Marken fusionierten zur British Leyland Motor Corporation, BLMC. Land Rover widerstand und präsentierte 1971 trotzig den Range Rover, das erste Luxus-SUV, und den Land Rover Serie III. Ästhetisch erkannte man Letzteren an den auf dem Kotflügel platzierten statt in den Kühler eingesetzten Scheinwerfern, eine Veränderung, die Länder wie Italien aufgrund anderer Straßensicherheitsstandards bereits eingeführt hatten. Auch der Kühler war jetzt aus Kunststoff statt

104-105 1953: Queen Elizabeth II. und Prinz Philip, Duke of Edinburgh, fotografiert in einem Land Rover, dessen Verwendung im englischen Königshaus üblich war. Dasselbe Fahrzeug wurde 1954 auch beim offiziellen Besuch Südafrikas benutzt.

105 Die Schauspieler Richard Attenborough und John Mills 1957 auf der Haube eines Land Rover in einer Drehpause zu einem Film, der vom Rückzug aus Dünkirchen im Zweiten Weltkrieg erzählt. Diese Aufnahme entstand allerdings „backstage“, da es den Wagen zum Zeitpunkt dieses Ereignisses noch nicht gab.

aus Stahl. Gerade dies traf Bauern am stärksten, weil sie den Stahlkühler auf dem Feld oft zum Grillen benutzt hatten.

Das Interieur verfügte nun über ergonomischere Bedienelemente und eine bessere Ausstattung. Die globale Ölkrise erzeugte einen Bedarf an länger übersetzten Getrieben, was zu sparsamerem Verbrauch und besserem Fahrverhalten auf Straßenasphalt führte.

Der Serie III war das offizielle Auto der Camel Trophy 1983 in Zaire, dem mörderischsten auf und anspruchsvollsten Wettbewerb für Geländewagen. Dieser Anlass wurde auch zur Erprobung von Innovationen genutzt, die zu weiteren Umrüstungen führten, darunter einem permanenten Allradantrieb und dem Einsatz der Aufhängung des Range Rover. Diese Zusätze führten eine Namensänderung herbei mit dem Modell, das nun 85, ab 1985 dann 90, und später 110 hieß, wobei die Zahlen erneut für den Radstand des Wagens in Zoll stehen.

Die Land Rover 90 und 110 waren offizielle Autos der Camel Trophy von 1984 (Brasilien), 1985 (Borneo), 1986 (Australien), 1988 (Sulawesi, Indonesien) und 1989 (Amazonasbecken). 1990 wurde der Name Land Rover der zu einer bekannten Marke geworden war, zugunsten des heutigen Namens Defender aufgegeben.

Das ewige Arbeitspferd

2007 präsentierte Ford, Eigner von Land Rover von 2000 bis 2008, einen neuen 2,4-Liter-Turbodiesel, der über ein neues Getriebe und Interieur sowie ein neues Belüftungssystem verfügte. Der Geist des Fahrzeugs blieb indes derselbe: zäh, pur und geschätzt bei Militär, Polizei und Feuerwehr auf der ganzen Welt.

Das letzte Kapitel des Defender steht noch aus. Nach dem Erwerb von Land Rover durch den indischen Konzern Tata 2008 entstanden neue Projekte und man sprach von einem völlig neugestalteten Modell für 2013. Für Puristen ein Sakrileg, denn der Defender ist der Idee der Serie I von 1948 treu geblieben und vom Aufbau her eng mit dem 90 und dem 110 der Achtzigerjahre verbunden.

Natürlich fand ein legendäres Fahrzeug wie dieses auch seinen ihm gebührenden Platz auf Leinwand und Bildschirm. So gibt es zahllose Naturdokumentationen aus aller Welt, in denen es mitwirkt, aber es hatte auch Hauptrollen in „Charlie staubt Millionen ab" (1969), „Beruf: Reporter" (1975), „Tomb Raider" (2001) – was die Produktion spezieller Sammlerversionen einschloss –, „Bad Boys II" (2004), „Hotel Ruanda" (2004), „Sakrileg" (2006) und „Ein Quantum Trost" (2008), außerdem trat der Land Rover in den TV-Serien „Dallas", „MacGyver" und „Die Simpsons" auf.

106 Der Land Rover Defender verdankt seinen Ruhm seiner unglaublichen Vielseitigkeit. Man erhält ihn, je nach Bedarf und Anforderung, mit Einzel- oder Doppelfahrgastzelle, längerem oder kürzerem Radstand sowie als Pick-up, Van, mit Soft- oder Hardtop.

106-107 Die aktuelle Generation des 2007 herausgekommenen Defender bleibt dem Orginalstil überraschend treu. Er ist dennoch durch einen „Höcker" auf der Haube leicht von früheren Modellen zu unterscheiden, den er brauchte, um den von Ford stammenden 2,4-Liter-Turbodiesel aufzunehmen, der auch auf den Van Transit montiert wird.

Porsche 356 und 911

Aus der Rippe des Käfers

Um die Geschichte und Entwicklung des Porsche 911 vollständig zu erzählen, muss man mindestens dreißig Jahre vor dem offiziellen Debüt des Wagens 1963 auf der IAA Frankfurt beginnen.

Ferdinand Porsche war ein technisches Genie und einer der großartigsten Autodesigner der Zeit zwischen den beiden Weltkriegen, sodass Adolf Hitler ihn in den Dreißigerjahren mit dem Design des VW Käfers beauftragte.

Unterdessen hatte sein Sohn Ferry die Idee, einen Sportwagen auf der Basis des Käfers zu bauen, dessen Komponenten dank einer Vereinbarung mit Volkswagen jetzt genutzt werden konnten. 1948 war das Modell 356 geboren und trug Porsche Ruhm und Ehre ein, bis die Entwicklungsschwächen seiner einfachen Ursprünge zutage traten und nach einem verfeinerteren und wendigeren Modell riefen. In den späten Fünfzigern stieß Ferry die „Operation

110-111 Der erste, im Jahr 1948 präsentierte Porsche war ein 356 Cabrio mit einem Motor mit nur 1110 Kubik. Die Coupé-Version folgte und führte an der Wende zu den Sechzigerjahren zu einer Reihe konkurrenzfähiger Wagen – wie dieser 356 Carrera mit einem 1,6-Liter-Motor.

111 oben Ferry Porsche, der Sohn von Ferdinand, zwischen einem 356 und einem Käfer. Verantwortlich für die von seinem Vater begonnene Entwicklung bei Volkswagen, nutzte Ferry diese Erfahrung und viele mechanische Bauteile von VW, um unter seinem eigenen Namen Sportwagen zu bauen.

911" an. Um die Leistung zu maximieren, entschied er sich für einen Sechs- statt für den Vierzylindermotor des 356 und blieb beim hinter der Hinterachse montierten Boxermotor, um für ein besseres Handling den Schwerpunkt zu senken und genügend Platz für die Heckinsassen zu schaffen.

Der Wagen sollte 901 heißen, aber Peugeot, die ihre Modelle schon auf dreistellige Zahlen mit einer Null in der Mitte getauft hatten, protestierten energisch, sodass Ferry Porsche beschloss, den Namen in 911 umzubenennen.

Dieses Fairplay zwischen Rivalen hielt nicht lange vor. So nutzte Porsche die Zahlenkürzel 904, 906 und 908 in den Sechzigern und Siebzigern für einige seiner Rennwagen, und Peugeot rächte sich 2009, indem es mit einem 908 getauften Prototyp das 24-Stunden-Rennen von Le Mans gewann.

Leicht und schnell trat der 911 die Wettbewerbsnachfolge des 356 an; er wurde zu einem Maßstab auf der Rennstrecke und, solange seine Eigenschaften und die Verordnungen es zuließen, auch bei Rallyes. Zu diesem Erfolg gehörten Siege in den großen Rallyes Ende der Achtziger, darunter bei der Rallye Paris-Dakar 1984 und 1985.

Der erste 911 verfügte über eine einzigartige Leistungsstärke, aber auch über ein ungezähmtes Wesen, das ihn bei professionellen Fahrern beliebt machte. Für normale Fahrer dagegen war er bei trockener Witterung schwerfällig und auf feuchtem Untergrund geradezu gefährlich. Manche versuchten ihn sogar mit Sandsäcken im Kofferraum zu stabilisieren und somit das Gewicht des Motors auszugleichen.

Peu à peu versuchte Porsche, diese Mängel zu beheben. Man vergrößerte 1969 den Radstand, um das nervöse Fahr- und Reaktionsverhalten des Wagens einzudämmen, veränderte 1972 mit einem Frontspoiler die Aerodynamik und modifizierte Einstellung sowie Bauart der Aufhängung.

Dennoch blieben Design und Technik bis 1997 im Originalzustand, man vergrößerte lediglich weiter Hubraum und Motorleistung von zwei auf drei Liter bzw. von 130 auf 400 PS. Diese Modellpflege erhöhte aber die Produktionskosten für den 911 stark, was im Verbund mit der lauen Reaktion auf neuere Modelle wie den 924, den 928 und den 944 Porsche um 1990 an den Rand des Konkurses brachte. Um die Pleite abzuwenden, war es notwendig, bestimmte zu teure Konzepte des Ursprungsprojekts zu modifizieren und vor allem den Fertigungsprozess zu revolutionieren, indem man das Know-how japanischer Ingenieure einsetzte.

112-113 Der 911 wurde 1963 geboren, als der 356 bereits an seine Entwicklungsgrenzen gestoßen war. Im Gegensatz zu seinem Vorläufer hatte er einen Sechs- statt eines Vierzylindermotors, behielt aber die gleiche, vom Käfer geerbte Boxer-Form. Nach dem Coupé wurde 1966 die Targa-Variante präsentiert (hier ein Modell von 1986) und 1983 das Cabrio.

113 oben Der Stil des ersten 911, designt von Ferry Porsches Sohn Ferdinand Alexander, auch „Butzi" genannt, wurde ein Klassiker. Bis 1998 blieb er nahezu unverändert, als das Unternehmen den Wagen mitten in einer Finanzkrise revolutionierte.

Die Zeitmaschine

Das Resultat war 1997 die zweite Generation des 911 mit einer vom Originaldesign beeinflussten Karosserie und immer noch einem Sechszylinder im Heck. Allerdings wurde das letzte Relikt des Käfers aufgegeben: Die Zylinder waren nun wasser- statt luftgekühlt. Zur Ankurbelung des Verkaufs wurde für ein geschmeidigeres und sichereres Fahrverhalten die Aufhängung geändert, während man die Abmessungen (genau wie das Gewicht) spürbar erhöhte, um den Komfort zu steigern.

„Die einzige Schwachstelle des Porsche sind Porsche-Fahrer", hieß es einst mit Bezug auf den Traditionalismus der meist treuen Kunden, die Abweichungen von Ferry Porsches Ursprungsprojekt nicht gut aufnahmen. So sorgte der neue 911 trotz seiner verbesserten Fahrleistungen bei den glühendsten Anhängern anfangs für einigen Unmut. Allmählich erkannten aber auch diese Verweigerer die Richtigkeit und Effektivität dieser Änderungen, und der Absatz stieg, unterstützt auch von den kontinuierlichen Sporterfolgen des Unternehmens, obwohl das Auto komfortabler und „gutmütiger" geworden war. Kurz gesagt: Die Seele des Porsche war intakt geblieben.

114-115 Der letzte 911, der trotz einiger Neuerungen dem Originaldesign aus den Sechzigern treu blieb, war der 993, der sich durch angeschrägte, stärker in die Front integrierte Scheinwerfer unterschied. Seine Produktion lief von 1994 bis 1998.

Den Wagen auch für breitere Bevölkerungsschichten erschwinglich zu machen, führte zu einem ungewöhnlichen Verkaufsboom und wurde für das Unternehmen zur Gans, die goldene Eier legt, in Autogestalt. Dank Einführung erfolgreicher Modelle wie dem Boxster und dem Cayenne stieg Porsches wirtschaftliche und finanzielle Macht in solche Höhen, dass es 2009 zum Versuch kam, den Riesen Volkswagen zu übernehmen.

Da Weiterentwicklung nun einmal in den Porsche-Genen liegt, wurde 2005 der 911 erneuert, aber das Modell enthielt weiterhin Merkmale der ersten Generation, die Nostalgikern besonders am Herzen liegen, wie runde Scheinwerfer und breitere, geschwungenere Kotflügel. Das führte zu einem weiteren Absatzschub, der auch durch eine Erhöhung der Motorleistung angestoßen wurde, die nun die 500-PS-Schwelle überschritt.

Fast fünfzig Jahre nach seinem Debüt lässt sich der Erfolg des 911 am besten mit den viel zitierten Worten von Ferdinand Porsche zusammenfassen: „Imstande zu sein, etwas zu schaffen, das die Zeit überdauert, das unberührt von der Exzentrik einzelner Epochen bleibt, kurz, etwas Zeitloses: Das ist die größte Errungenschaft."

So ist es kein Zufall, dass der 911 immer als Inbegriff von Eleganz galt. Er war der Favorit des Dirigenten

Herbert von Karajan und auch des Filmstars Steve McQueen, einem großen Fan von Autorennen und Rennfahrern. In den Siebzigern gab es nur wenige Fußballspieler, die keinen in der Garage stehen hatten, und noch heute ist er für David Beckham, Arnold Schwarzenegger, Patrick Dempsey und Tom Cruise das Auto ihrer Wahl.

Der Wagen ist selbst auch so etwas wie ein Kinostar, mit Auftritten nicht nur in autobezogenen Filmen wie „Le Mans" (1971) und „Cars" (2006), sondern auch in Komödien und Actionstreifen wie „Flashdance" (1983), „Gegen jede Chance" (1984), „Harte Jungs" (1995), „Neun Monate" (1995) und „Mission Impossible" (2000) sowie vielen TV-Serien, darunter „Californication", „Dallas", „Alarm für Cobra 11", „Smallville: Nicht von dieser Welt", „Miami Vice" und „Melrose Place".

Der Porsche ist also zeitlos, aber auch grenzenlos.

116-117 Das Turbo Cabriolet ist eines der bestechendsten aktuellen Modelle. Ein Erfolgsmerkmal des 911 ist seine Verbindung von hoher Leistungsfähigkeit, Flexibilität und Zuverlässigkeit, die zum Alltagseinsatz ermuntern, was viele seiner Sportwagenkonkurrenten nicht von sich sagen können.

117 oben Der Turbomotor ist eines von Porsches Arbeitspferden und steckte seit 1975 in den leistungsstärksten Versionen des 911. Damals brachte er es auf 260 PS, hatte aber ein rohes, ungebändigtes Temperament. Heute liegt der Motor bei über 500 PS, ist aber viel beherrschbarer geworden.

118-119 Der Mythos des 911 wurde beständig von Rennen gespeist, ein Feld, in dem der Wagen sich durch Siege in nahezu allem, was möglich war, profilierte. Die Version GT 3, die leichter und stärker ist als das Standardmodell, dient als Basis der für die Rennstrecke bestimmten-Autos.

120-121 Der 1955 zur Feier der Siege bei der Carrera Panamericana 1953 und 1954 eingeführte Name Carrera wurde ursprünglich für den sportlichsten Porsche benutzt, ab Mitte der Achtziger wurde er jedoch die Bezeichnung für die Mehrzahl der 911er.

GT2

Carre

Citroën 2CV und C3

Das Bauernauto

Nur wer gegen den Strom schwimmt, wird zur Ikone. Und es braucht Mut, um die Herzen zu gewinnen und zu überzeugen.

Fünf Jahrzehnte hat sich der Citroën 2CV gehalten und dafür gesorgt, das Auto in ein menschliches Grundbedürfnis zu verwandeln. Nonkonformistisch, zeitlos, unsterblich sind einige Adjektive für ein fürs Land gedachtes Auto, das dann Europas Städte eroberte. Mit welchen Waffen der Verführung? Mit scheinbar sehr wenigen. Er war nicht leistungsstark, schnell oder luxuriös. Stattdessen setzte der 2CV auf Nützlichkeit und Charme – eine unschlagbare Mischung.

Die Idee für den 2CV kam dem Citroën-Vorstandsvorsitzenden Pierre-Jules Boulanger Mitte der Dreißiger Jahre. Damals gab es wenige Autos auf den Straßen, dafür viele Pferdekutschen. Für Bauern und einfache Bürger war die Fortbewegung in motorisierten Gefährten noch zu teuer.

Das Projekt TPV – für „Toute Petite Voiture" oder ganz kleines Auto – nahm seinen Anfang 1936. Mit dem Design wurde der aus Varese stammende Flaminio Bertoni betraut, der Schöpfer des Traction Avant wie schließlich auch der DS. André Lefebvre, der geniale Ingenieur und Rennfahrer, der 1927 die Rallye Monte Carlo gewann, wurde für die Technik hinzugezogen.

Boulangers Anweisungen waren eindeutig und nicht verhandelbar: der TPV sollte sparsam und einfach in der Handhabung sein, zugleich aber imstande, vier Fahrgäste zuzüglich fünfzig Kilo zu befördern, 60 Stundenkilometer fahren und nur drei Liter Benzin auf 100 Kilometer verbrauchen.

Boulanger überprüfte persönlich die Einhaltung dieser Vorgaben bis ins kleinste Detail.

So stieg er mit Hut in den Wagen, um die Deckenhöhe zu prüfen, und testete sogar die Nachgiebigkeit der Federung, indem er mit einem Korb Eiern auf dem Rücksitz über ein umgepflügtes Feld fuhr, um zu sehen, ob sie auch heil blieben.

Nach einigen experimentellen Prototypen, darunter mit Motorradmotoren und einfachen Dächern aus Segeltuch, war die Endversion 1939 fertig. Der Zweizylindermotor war wassergekühlt und wurde per Kurbel angelassen.

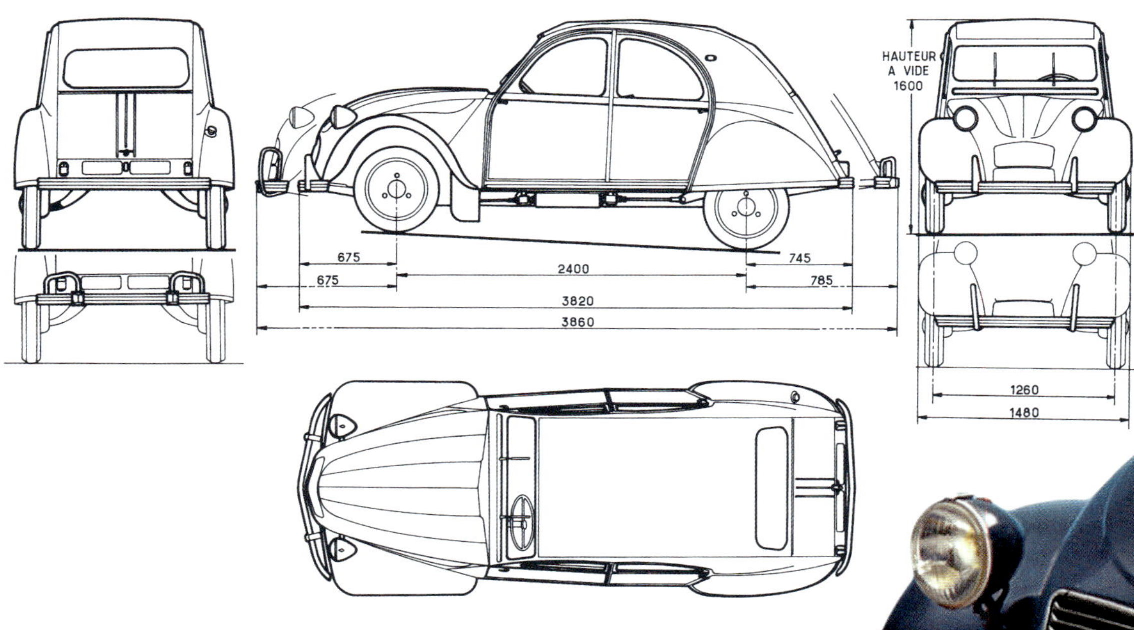

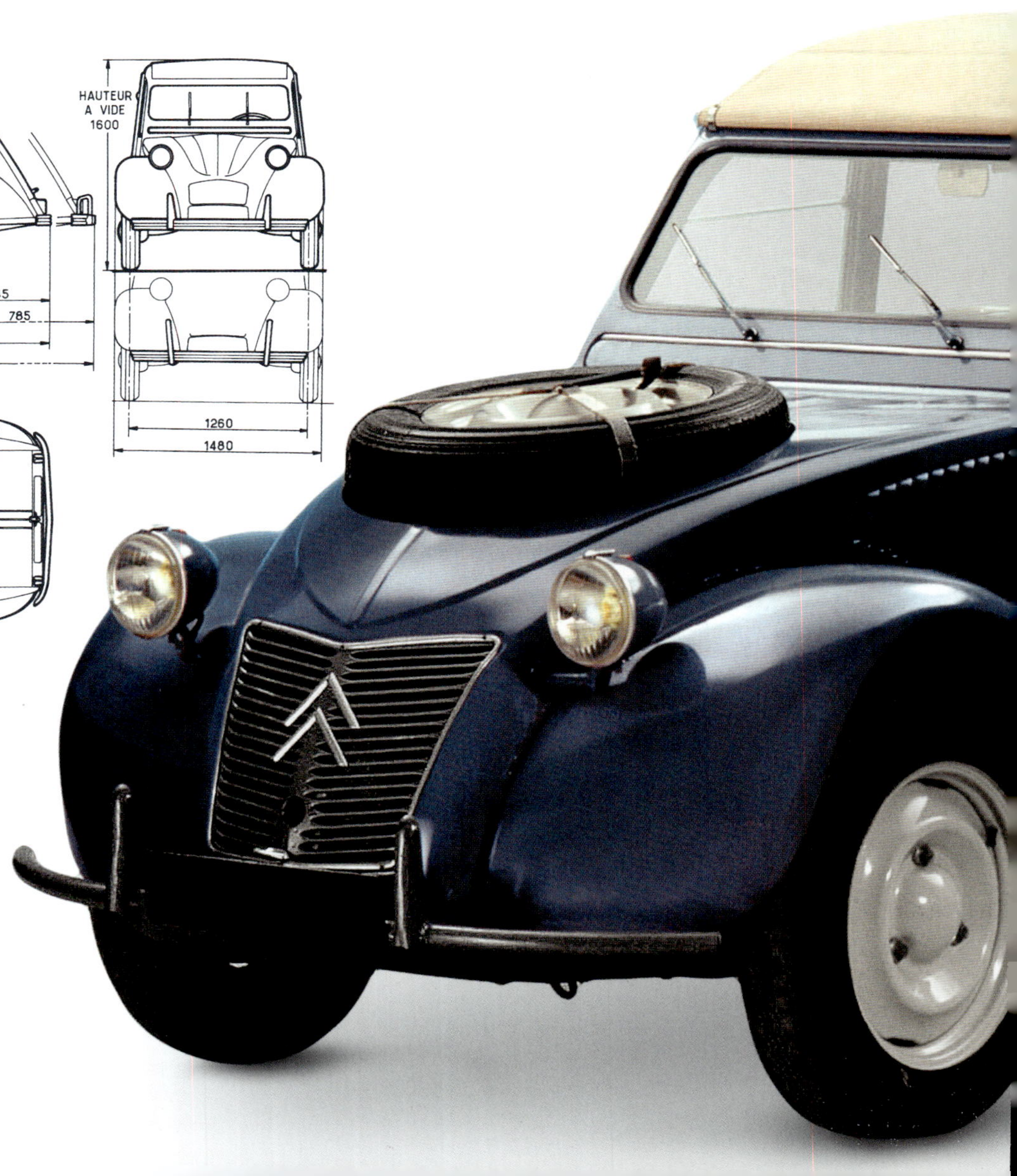

124 und 124-125 Die Abmessungen des 2CV waren gering bis auf die Länge, was größere Flexibilität ermöglichte. Der französische Wagen bot bequeme Sitze für vier Erwachsene und einen für einen Kleinwagen sehr großen Kofferraum.

125 Der 2CV eroberte das Publikum bei seinem Debüt auf dem Pariser Autosalon auf der Stelle. Auch Frankreichs Präsident Vincent Auriol war in der begeisterten Menge.

126 oben Bei der „Ente“ gingen Zweckmäßigkeit und Spaß Hand in Hand. Manche Campingbegeisterte funktionierten den Kofferraum in Miniküche und Esszimmer inklusive Klapptisch um.

126 unten Eine Briefmarke aus Gabun zur Feier des 30. Geburtstags des 2CV. Der Wagen hatte immer eine enge Beziehung zum Postdienst. So wurde es 1958 als erstes Auto überhaupt auf einer französischen Marke abgebildet, und Mitte der Sechziger lieferten 10 000 „Postautos“ Briefe auf beiden Seiten der Alpen aus.

127 „Lebensfreude“ las man auf einem der vielen Werbeplakate. Heute gälte die Fahrt in einem kleinen Auto mit sieben unangeschnallten Leuten (darunter fünf Kinder) als unvernünftig, in den Fünfzigern gehörte dies zum Alltag.

Joie de vivre !
CITROËN

684 EA 62

Obwohl er später einen elektrischen Anlasser hatte, behielt der 2CV für Notfälle immer ein Loch in der Schnauze. Außer den Kotflügeln aus Blech und dem Verdeck aus Segeltuch bestand die Karosserie aus einer Aluminiumlegierung. Das Dach begann an der Windschutzscheibe und endete an der Rückscheibe. Im Einklang mit den damaligen Verordnungen gab es jeweils nur ein Vorder- und Rücklicht und auch keine Blinker, der Fahrer musste stattdessen Handsignale geben. Das erklärt auch das Vorhandensein von „Klappfenstern", deren unterer Teil sich aufschwenken oder -kippen ließ, eine Besonderheit, die selbst nach dem Einbau von Blinklichtern beibehalten wurde.

Als alles für die Präsentation auf dem Pariser Autosalon bereit war, brach allerdings der Zweite Weltkrieg aus, und fast alle 250 produzierten TPV wurden vernichtet, um nicht den Nazis in die Hände zu fallen. Nur fünf wurden gerettet, abgedeckt, zerlegt oder in Scheunen versteckt. Unterdessen arbeitete man weiter an der Verfeinerung des Wagens. Die Wasserkühlung, die bei Kälte litt, wurde zugunsten einer einfachen Gebläsekühlung aus Aluminium aufgegeben. Da der Aluminiumpreis im Lauf des Kriegs gestiegen war, wurde es schließlich durch billigeres Stahlblech ersetzt.

Nach Jahren des Wartens, als die Presse schon anfing, den TPV „toujours pas vue", noch nie gesehen, zu nennen, gab der 2CV – eine Kennzahl im französischen Autosteuersystem, das man für deren Berechnung benötigte – am 7. Oktober 1948 sein Debüt auf dem Pariser Autosalon.

Der Zuspruch der Presse blieb kühl, aber beim breiten Publikum war es Liebe auf den ersten Blick. Verkaufsstart war am 22. September 1949, und bis 1950 war die Wartefrist bereits auf sechs Jahre angewachsen. Der Grund dieses Erfolgs? Der niedrige Preis (er kostete etwa die Hälfte eines VW Käfers), die geringen Betriebskosten und die Fähigkeit, sich dank seiner langhubigen, weichen Federung fast jedem Untergrund anzupassen, der aber auch den typisch schwankenden „Entengang" bewirkte. Daneben hatte er im Vergleich zum VW vier statt zwei Türen, und sein Frontmotor ließ einen geräumigen Kofferraum zu.

Zusätzlich zu diesen Merkmalen verfügte der 2CV über weitere interessante und originelle Erfindungen. So war der Scheibenwischer mit dem Getriebe verbunden, sodass die Geschwindigkeit der Wischer im Verhältnis zu der des Wagens stand.

128 Der Citroën gehört heute zur französischen Alltagskultur wie Eiffelturm und Baguette. Im Elsass, zwischen den Städten Schirmeck und Grandfontaine, ist ein ganzes Museum seiner Entstehungsgeschichte gewidmet.

129 Im September 1974 bekam der 2CV seine letzten kosmetischen Änderungen. Die traditionell abgerundeten Scheinwerfer kehrten nach kurzem Einsatz einer eckigen Version zurück, Kühler-grill und Stoßstange wurden überarbeitet, was bis zur Einstellung 1990 praktisch unverändert blieb.

In der Ente, dem Citroën 2CV, finden in der Höhe

Dinge Platz, die in kein anderes Auto passen würden.

130-131 Dank der durch das große Stoffdach begünstigten Höhe transportierte das Auto auch mühelos sperrige Gegenstände. Zur Reinigung ließ sich das Dach außerdem leicht demontieren und reizte mit seinem Retrodesign Leute aller Altersklassen, Werbeargumente, die man nicht ignorieren konnte.

955 kam eine Fliehkraftkupplung dazu, bei der man um Schalten nicht die Kupplung treten, sondern ediglich das Gas wegnehmen muss.

Der Erfolg des 2CV wurde zu Beginn der Sechziger-ahre durch Ankunft des Renault 4 leicht getrübt, der das Konzept der „Ente", wie seine deutschen Fans ihn nannten, mit einem deutlich leistungsstärke-en Motor und einem Steilheck verband.

Die Antwort von Citroën erfolgte 1967 mit der Dyane, die dem 2CV ähnelte, aber eckiger und praktischer war und ein lebhafteres Fahrverhalten hatte. Wie ihr Rivale R4 hatte sie ebenfalls ein Steilheck. Citroën-Chef Pierre Bercot wollte die „Ente" ersetzen, was so nicht gelang. Die Karriere der Dyane endete 1984 nach fast 1,4 Millionen verkauften Autos, während ihre ältere Schwester weitere sechs Jahre überlebte und die Verkaufsgrenze von fünf Millionen überschritt, inklusive einer gewerblich genutzten Kastenwagen-Version.

In seinen zweiundvierzig Jahren ist sich der 2CV immer treu geblieben. Die wichtigsten Veränderungen waren die Erhöhung des Hubraums (375, 425 und am Ende 602 Kubik) sowie 1980 der Einbau vorderer Scheibenbremsen.

Bei Sammlern ist er heute noch gefragt, am begehrtesten ist die Version des von 1958 bis 1966 produzierten Sahara mit einer zusätzlichen Motor-Getriebe-Einheit im Heck und Vierradantrieb.

Unvergesslich auch der zweifarbige Charleston von 1980 und der seltene 007 von 1981, der an seine Rolle im James-Bond-Film „In tödlicher Mission" erinnern sollte. Wohl um die 2CVs mit ihren Fronttrommelbremsen abzustoßen, baute man 500 gelb lackierte Sonderausgaben mit dem Schriftzug 007 auf den Türen sowie aufgeklebten „Einschusslöchern". Dies war nicht der einzige Film des kleinen französischen Autos. Es hatte auch Auftritte in „American Graffiti" (1973), „Apocalypse Now" (1979) und in der TV-Serie „Simon Templar" (1962-1966), 2001 in dem italienischen Film „The Revolution on Two Horses".

132 Man kann nicht über den 2CV sprechen, ohne das französische Kino zu erwähnen. Im Komödienhit „Louis, das Schlitzohr" (1965) hat ein 2CV einen Unfall – hier der Schauspieler Bourvil, der neben Louis de Funès spielte.

133 Eine „Ente" beim Dreh des Spielfilms „Die süße Haut" von François Truffaut, der beim Festival in Cannes lief.

Nostalgische Kurven

134-135 Citroën-Designer erhofften sich von einer großen Glasfläche statt des Schiebeverdecks des berühmten 2CV ursprünglich eine moderne Neuinterpretation. Die Idee wurde beim ersten C3 nicht fortgeführt und schließlich zu der sehr großen Windschutzscheibe der aktuellen Generation weiterentwickelt.

Seit dem 27. Juli 1990, als der letzte 2CV, ein grauer Charleston, im portugiesischen Mangualde vom Produktionsband lief, waren die Citroën-Designer eifrig auf der Suche nach einem würdigen Nachfolger. Der Prototyp CE Concept, vorgestellt 1998 auf dem Pariser Autosalon, machte den Fans Appetit, sie mussten aber bis zur IAA 2001 in Frankfurt warten, bis sie ein marktfähiges Modell zu sehen bekamen. In mancher Hinsicht erinnerte der erste C3 an den 2CV. Er hatte ein gewölbtes Dach und eine ähnlich ausgearbeitete Karosserie. Vieles andere jedoch unterlag den Gesetzen der Aerodynamik. So fehlten etwa die markanten Scheinwerfer. Obwohl er die Plattform mit verschiedenen Modellen von Citroën und Peugeot gemeinsam hatte, profilierte sich der C3 mit verspielter Eleganz und großem Umweltbewusstsein. Neben der Wahl zwischen Benziner und Diesel, war er mit Flüssig- oder Erdgasmotoren sowie einem Start-Stopp-System erhältlich, das den Motor bei Stopps abschaltete. 2003 gab der ebenfalls vom 2CV inspirierte C3 Pluriel sein Debüt. Er mochte zwar nur zwei Türen haben, doch das Canvas-Schiebedach und das Revival des Charleston mit einer zweifarbigen Version in Schwarz und Purpur brachte Nostalgiker zum Jubeln. Der Geist des Original-2 CV war dennoch schwer wiederherzustellen. Die zweite Generation des C3, 2009 präsentiert, kappte die Verbindung zur Vergangenheit weiter, vor allem was den sparsamen Geist angeht, den die „Ente" betonte. Die Listenpreise liegen heute auf gleicher Höhe mit denen der Konkurrenz, und man erhält schickes Zubehör wie Panoramadächer aus Glas und Düfte fürs Cockpit. Kurz: Der Nachfahre schwimmt nicht gegen den Strom, deshalb hat er sich auch nicht von einem erfolgreichen Modell zur Ikone erhoben.

Bentley Continental

Ein Bild der Kraft

138 oben Die praktischen Qualitäten der Limousine R-Type blieben auch in der ersten Generation des Continental Coupé von 1952 unverändert, das auf der gleichen Plattform gebaut wurde. Seine Leistungsstärke wurde dank Modifikationen am Motor 1954 verbessert.

138-139 Starke Motoren, schlankes und elegantes Design, schicke und luxuriöse Interieurs: Die erste Generation des Continental war das exklusivste Auto der Fünfziger, protzte gemäß der Bentley-Tradition jedoch nicht mit seiner Überlegenheit.

Bentley als reine Luxusmarke zu betrachten, kann zu kurz gegriffen sein. Es wäre, als ob man ein Gemälde nach seinem Rahmen beurteilte. Tatsächlich messen viele den englischen Autobauer mit der gleichen Messlatte wie Rolls-Royce. Aus gutem Grund, schließlich gehörten beide Unternehmen zwischen 1931 und 1998 zur selben Gruppe und bauten viele Modelle gemeinsam. Aber wenn Rolls stets als Inbegriff strenger, fast spröder Eleganz galt, hatte der Bentley seit seiner Einführung eine extrovertiertere Seele. So wissen nur wenige, dass der „echte" James Bond – der aus den Büchern von Ian Flemming – einen Bentley fuhr, und noch wenigere, dass das Auto mit dem geflügelten „B" auf dem Kühler sechsmal das 24-Stunden-Rennen von Le Mans gewonnen hat: 1924, 1927-1930 und 2003.

Um diese großen Sporterfolge zu feiern wurden viele frühere und heutige Modelle nach den Geraden und Kurven des legendären französischen Rennparcours benannt: Arnage, Hunaudières, Mulsanne. Der Continental, der diese Tradition einführte, ist zugleich das Auto mit der faszinierendsten Geschichte. 1952 wurde der Name für die zweitürige Version des Flaggschiffs „R" verwendet und hatte eine Aluminium- statt einer Stahlkarosserie. Furore machte er überdies, weil er sich mit 7208 Pfund an die Spitze der Liste der teuersten Autos der Welt setzte. Der 4,6-Liter-Motor, ab Anfang 1954 4,9 Liter, war der Gleiche wie bei der Limousine, Änderungen an Vergaser, Getriebeabstufung und -übersetzung verbesserten jedoch die Motorleistung. Überwiegend in England verkauft, waren 165 der 208 produzierten Wagen für Linksverkehr ausgerüstet.

Der Continental SI von 1955 ähnelte dem Rolls-Royce Silver Cloud I. Er hatte den gleichen Motor wie sein Vorgänger war mit einer verkauften Stückzahl von 431 aber weitaus erfolgreicher. Mit dem S2 von 1959, der auf der zweiten Generation des Silver Cloud basierte, machte der alte Sechszylinder Platz für einen deutlich stärkeren 6,2-Liter-V8. Der S3, gebaut von 1962 bis 1965, unterschied sich durch Doppelscheinwerfer, eine sportlichere Übersetzung und einen größeren Innenraum.

Nach über zwanzig Jahren Abwesenheit, ließen 1984 die Bentley-Ingenieure den Namen Continental für ihr neues Auto wieder auferstehen. Mit dem Rolls-Royce-Cabrio Corniche in Verbindung gebracht, hielt er ein Jahr nach seiner Vorstellung im Video für Elton Johns „Nikita" Einzug in die Popkultur.
Die wirkliche Revolution, technisch wie stilistisch, fand 1991 mit dem Coupé Continental R statt, dem ersten Bentley seit 1965, der kein „Duplikat" eines Rolls war. Das Coupé war der schnellste, teuerste und leistungsstärkste Wagen der Bentley-Palette. 1990 auf dem Genfer Autosalon als Konzeptfahrzeug vorgestellt, gab dort im Folgejahr auch das Serienmodell sein Debüt. Viele reiche Kunden eilten hin, um einen zu erstehen, und der Sultan von Brunei, ein bekannter Autoliebhaber, kaufte noch auf der Ausstellung einen. Die Übrigen mussten sich mit Schauen und Träumen begnügen.
Die weicheren Linien standen für einen klaren Bruch mit der Vergangenheit. Die Leistung des 6,75-Liter-Turbomotors mit 329 PS, Viergangautomatik und maximal 220 Stundenkilometern war hervorragend. Und der Wagen entwickelte sich weiter. Der Continental S von 1994, ein Jahr lang in limitierter Auflage von achtzehn Stück gebaut, bekam einen Ladeluftkühler zur Erhöhung der Motorleistung. Der Continental T von 1996 als 2+2-Coupé hatte ein kürzeres Chassis zur Verbesserung des Handlings, ein Interieur aus Chrom statt aus Holz und einen Zündknopf wie in Rennwagen.
Die T-Serie erweiterte sich 1999 mit Einführung des Mulliner, der über eine stabilere Aufhängung verfügte, und des SC Sedanca mit über den Vordersitzen

Ein Panzer voller Technologie

140-141 Der Continental GT war das erste Modell des „neuen" Bentley, einer Ära, die mit dem Erwerb der englischen Marke durch die Volkswagen-Gruppe begann. Der GT hat einen 6-Liter-12-Zylinder mit 560 PS, abgeleitet von den beim Audi A8 benutzten. Seine Höchstgeschwindigkeit beträgt fast 320 km/h.

142-143 Die Limousine Flying Spur wurde 2005 vom Continental GT Coupé abgeleitet. Das Ziel, Bentley-gemäßen Platz für die Heckinsassen zu gewährleisten, erreichte man durch Verlängerung des Radstands um 32 cm und des Rahmens um 51 cm. Diese Veränderungen machten das Gesamtdesign allerdings etwas weniger elegant.

abnehmbaren Dachhälften. Nur 73 SC Sedancas wurden gebaut, einer davon ist im Besitz des ehemaligen Boxweltmeisters Mike Tyson.
Die Erweiterung der Volkswagen-Palette durch Bentley führte zu einem deutlichen Richtungswechsel. So fiel der Continental GT 2003 weniger exklusiv aus als seine Vorgänger, er teilte sich viele Komponenten mit dem Audi A8, in Technik und Leistung war er jedoch avancierter. Das moderne Styling, der starke W12-Biturbo-Ottomotor mit sechs Liter Hubraum und der permanente Allradantrieb brachten unmittelbar Erfolg. Der viertürige Flying Spur wurde 2005 vorgestellt, im Folgejahr kam das Cabrio GTC heraus. Der Erfolg dieser Modelle führte dazu, dass sich zwischen 2003 und 2009 der Jahresausstoß von Bentley von 1 000 auf 9 200 Autos erhöhte.
Die kommenden Jahre erlebten den Auftritt sportlicherer und exklusiverer Modelle. 2007 kam der Continental Speed heraus, der leichter und leistungsstärker war und es auf 320 Stundenkilometer brachte, 2009 folgte dann der Supersports mit 630 PS, der sowohl mit Benzin als auch mit Ethanol lief. Im gleichen Jahr wurde der GTZ mit einer Karosserie von Zagato präsentiert.
Die Beteiligung von VW, für einige Puristen ein Skandal, stärkte das Image von Bentley, indem man zu seinem traditionell sportlichen Geist zurückkehrte. Der Produktionsanstieg sollte aber kein Angriff auf die Exklusivität bedeuten, sondern der einzige Weg, auf einem wachsenden Weltmarkt zu bestehen. Reiche Kunden wird es immer geben, und die einzige Methode, sie anzulocken, ist, nicht im Schatten verborgen, sondern sichtbar zu sein.

Chevrolet Corvette

Die Tolle aus den USA

„Das ist nicht exotisch. Exotisch ist es, dreihundert Autos im Jahr zu bauen und sie zu irren Preisen zu verkaufen." Die Worte von Dave McLellan, Chefingenieur der Corvette in den Achtzigern, beschreiben perfekt die Philosophie des berühmtesten amerikanischen Supercar.

Leistungsstark, aber sparsam, schafft es die Corvette, mit Ferrari, Lamborghini und Porsche Schritt zu halten, obgleich sie technisch viel simpler ist als ihre europäischen Pendants.

In Europa ist die Corvette wenig bekannt, vor allem, weil Chevrolet stets den amerikanischen Markt vorzog, in Nordamerika dagegen ist sie unbestreitbar Kult. So hatte sie zahllose größere Filmauftritte etwa in „Ein verrückter Typ auf dem Highway" (1973), „Ich glaub', mich tritt ein Pferd" (1978), „Wahre Lügen" (1994), „Apollo 13" (1995), „Con Air" (1997) und „Austin Powers" (1999), in den TV-Serien „Route 66" (1960 bis 1964) und „Stingray" (1986 bis 1987), „CSI: Miami", „Miami Vice", „Baywatch" und „Das A-Team" sowie in den Video-Clips „American Woman" von Lenny Kravitz, „Keeps Gettin' Better" von Christina Aguilera und „What Comes Around" von Justin Timberlake.

Die Idee „Corvette" entstand im Zweiten Weltkrieg. Autos waren in Amerika in zwei Kategorien unterteilt: einfach und funktional oder exklusiv und luxuriös. Sportwagen? Die mussten erst noch kommen. Den Amerikanern genügten damals die modifizierten Hot-Rods der Dreißigerjahre. Aber die von der Front in Europa zurückkehrenden GIs brachten britische „Spider" wie den Jaguar oder den MG mit – oft nur als Wunschtraum, manchmal aber auch leibhaftig.

Diese Marktlücke sollte 1953 mit Präsentation der Corvette C1 geschlossen werden. Der Designer war der damals sechzigjährige, in Amerika bis heute legendäre Harley Earl. Earl, in Hollywood geboren, begann seine Karriere mit dem Design von Autos für Filmstudios. 1938 erarbeitete er mit dem Buick Y-Job die allererste Konzeptstudie und zehn Jahre später die ikonenhaften Heckflossen des Cadillac, die von fast allen führenden Autoherstellern weltweit kopiert wurden. Es war Earl, der General Motors, und somit Chevrolet, davon überzeugte, einen relativ preiswerten „Spider" zu bauen.

146-147 Im ersten Jahr ihrer Produktion war die Corvette C1 nur in Weiß mit rotem Interieur und schwarzem Dach erhältlich. Das Styling war angenehm sportlich, aber der Sechszylindermotor mit lediglich 152 PS war sicher kein Highlight für Fahrbegeisterte.

147 oben Die erste Corvette verließ am 30. Juni 1953 das Montageband in Flint, Michigan. Erstmals in der Geschichte eines massenproduzierten Autos war die Karosserie vollständig aus Fiberglas.

Die Ur-Corvette hatte eine leichte Fiberglas-Karosserie, eine Innovation, die das Auto heute noch prägt, der Motor dagegen war ein „leiser“, aus herkömmlichen Wagen stammender Sechszylinder. Die enttäuschende Zweigangautomatik war sicher nicht ideal für Fahrer, die Spaß haben wollten. Weitere Probleme machten durch das Dach eindringendes Wasser und der hohe Preis: trotz Ankündigung eines 2 000-Dollar-Preisschilds, lag der Wagen am Ende bei rund 3 500 Dollar. Das amerikanische Publikum mochte diesen Anstieg gar nicht, von den 300 gebauten Autos wurden auch tatsächlich nur 183 verkauft, die übrigen verschenkte man zu Werbezwecken an Prominente. Im Jahr darauf sank der Preis unter 3 000 Dollar, was aber immer noch teurer war als ein Jaguar oder Cadillac und zudem irreführend, weil Getriebe und Handbremse separat erworben werden mussten.

Der Absatz blieb weit unter den Erwartungen. 1955 waren nur 700 Corvettes angemeldet, der Rivale Ford Thunderbird dagegen über 16 000 Mal. Der belgische Ingenieur Zora Arkus-Duntov beschloss, den Wagen deutlich aggressiver zu machen. Er ergänzte die Optionsliste um einen leistungsstarken V8 und Handschaltgetriebe. Andere Neuerungen folgten: 1957 ein Einspritzmotor, zehn Jahre, bevor er in europäischen Autos auftauchte, 1958 innovative Doppelscheinwerfer, 1961 vier runde Rückleuchten, die noch immer ein Markenzeichen der Corvette sind. Im selben Jahr bauten die Ingenieure in Detroit einen viersitzigen Prototypen, der umgehend verworfen wurde, nachdem der GM-Präsident in der Rückbank klemmen blieb.

Die Corvette C2 von 1963 revolutionierte die Designwelt, besonders die zweitürige Sting Ray-Version mit geteilter Heckscheibe.

Die Idee wurde nach nur einem Jahr ad acta gelegt, da die Sicht schlecht war und die Mehrzahl der Kunden das optionale durchgehende Rückfenster wählte. Am unerfreulichsten war, dass der Wagen keinen Kofferraum hatte und Gepäck hinter den Vordersitzen verstaut werden musste. Auch die Hinterradaufhängung mit Blattfedern war rudimentär und nicht verfeinert. Hingegen gehörten ab 1965 vier Scheibenbremsen zur Standardausstattung.

Die C3 von 1968 brachte Verbesserungen in der Aerodynamik, 1972 erfolgte die Einführung einer Diebstahlsicherung, denn laut Statistiken wurde jede zweite Corvette im ersten Jahr gestohlen. Diese Veränderungen machten die C3 zur erfolgreichsten Version des Autos. 1979 wurden 53 807 Stück produziert, und ein Jahr später entwickelte ein kalifornischer Karosseriebauer eine viertürige Version. Davon wurden jedoch nur fünf Exemplare gebaut.

148-149 Ab 1958 montierte man der Corvette C1 Doppelscheinwerfer, die die Front imposanter, aber unpersönlicher machten. Der Motor wurde auf eine Achtzylinder-Version mit Benzineinspritzung und auf 300 PS beschränkt.

149 oben Das Armaturenbrett der C1 war symmetrisch und von zwei „Ausbuchtungen“ geprägt. Der Beifahrer hatte eine Art Griff vor sich. Die Instrumentierung bestand aus fünf kleinen Anzeigen und dem riesigen Tachometer.

0 10 20 30 40 50 60 70 80 90 100
130 140 150 160
TACH
FUEL

150-151 1963 wurden 21 513 Corvette C2 mit geteiltem Heckfenster produziert. Sie war so einzigartig, dass sie entgegen der Regel mehr kostete als die Cabrio-Version. Heute ist die C2 eine der gefragtesten bei Corvette-Fans.

Europa erobern

1983 feierte man den 30. Geburtstag des Wagens, obwohl die neue C4 wegen Produktionsproblemen einen schlechten Start hatte. Nur 44 Autos wurden gebaut, die Chevrolet wegen der schlechten Qualität vernichtete, bis auf eines, das im Corvette-Museum in Kentucky ausgestellt ist. 1986 kam die Spider-Version zurück, die man 1975 hatte fallen lassen, während 1990 die ZR1 herauskam, die in Zusammenarbeit mit Lotus gebaut wurde. Die kraftvolle ZR1 hatte 384 PS – 200 PS waren ständig verfügbar, der Rest musste mit einem Sicherheitsschlüssel freigeschaltet werden. Mit 59 000 Dollar war sie jedoch fast doppelt so teuer wie eine gewöhnliche Corvette für 32 000 Dollar.

Die C5 von 1997 stellt im Vergleich zu den Vorgängergenerationen einen Riesenschritt nach vorn dar. So hatte 2001 das Head-Up-Display Premiere, das wie in Kampfflugzeugen Informationen auf die Windschutzscheibe projiziert.

Um neue Märkte zu erobern, sollte mit der 2005 geschaffenen C6-Version die europäische Kundschaft anvisiert werden. Der Wagen war entsprchend kleiner als seine Vorgänger, bot aber immer noch Leistung, um auch anspruchvollste Fahrer zu überzeugen. Seine Motorstärke überschritt die 405 PS der Standardversion, während die Z06 auf über 512 PS kam. Bei ihrer Präsentation meinte GM-Boss Rick Wagoner ironisch: „Wenn wir das für 60 000 Dollar hinkriegen, stellen Sie sich erst mal eine Corvette für 100 000 vor." Die Antwort erfolgte drei Jahre später mit der ZR1, die einen Standardpreis von 150 000 Dollar hatte und 647 PS pure Leidenschaft. Obwohl doppelt so teuer, kann das kein Ferrari auf dem Markt von sich behaupten.

152-153 Die C5 von 1997 revolutionierte mit Design wie Technik die Prinzipien, die aus der Corvette den amerikanischen Sportwagen par excellence gemacht hatten. Die technisch bedeutendste Innovation war die Verlegung des Getriebes ans Wagenheck zur Verbesserung der Gewichtsverteilung.

154-155 Die aktuelle, 2008 entwickelte ZR1 ist die leistungsstärkste Corvette aller Zeiten mit überwältigenden Zahlen: V8-Turbo mit 647 PS, Höchstgeschwindigkeit 325 km/h, Beschleunigung von Null auf Hundert in 3,4 Sekunden. Sie ist, einfach gesagt, einer der aufregendesten Supersportwagen, der je gebaut wurde, wird vom europäischen Publikum stark unterschätzt und kaum wahrgenommen.

Mercedes 300SL und SLS

MERCEDES BENZ

Die glückliche Möwe

1951 beschloss Daimler-Benz mit einem Sportwagen in den Wettbewerb zurückzukehren, im Glauben, dies würde die Marke so schnell wie möglich aus der Nachkriegskrise retten. Hohe Kosten und Materialmangel zwangen allerdings zu gewissen Kompromissen. Folglich entstand der SL aus vorhandenen, nicht gezielt für den Renneinsatz gedachten Elementen.
SL war die Abkürzung für „Sport Leicht" und 300 wies auf einen Hubraum von drei Litern hin. Eigentlich nutzte das Unternehmen den für seine Limousinen damals verwendeten 2,996-Liter-Sechszylinder. Passend präpariert leistete der Motor in dieser neuen Karosserie 175 PS und in einer weiteren Entwicklungsstufe 202 PS, eine gewaltige Verbesserung gegenüber den 115 PS der Limousinen. Auch die Aufhängung und das Vierganggetriebe stammten aus der Massenproduktion. Die Aluminiumkarosserie wurde eigens für dieses Auto designt, ebenso der leichte Gitterrahmen, der nur 50 Kilo wog, was einen Trend bei Sportwagen auslöste.
Diese neue Rahmenkonstruktion hatte eine sehr große Einstiegshöhe, was den Einbau herkömmlicher Türen verhinderte und zu oben angeschlagenen Türen führte, die den Fahrer durch einen Teil des Daches einsteigen ließen und geöffnet an einen Möwenflügel erinnerten – daher der Spitzname Flügeltürer, der dem 300 SL stets geblieben ist. Dieser beinahe theatralische Effekt war recht außergewöhnlich für seine Zeit und sorgte bei Sportwagenfans für helle Aufregung.
Die Entwicklung des 300 SL verlief rasant. Im Juni 1951 konzipiert, war er im November bereits auf der Teststrecke und wurde im März 1952 auf der Autobahn Stuttgart – Heilbronn der Presse vorgestellt. Dies war der Beginn einer höchst erfolgreichen Rennkarriere, die 1953 jäh abbrach, als der deutsche Autoproduzent beschloss, seine Mittel in die Rückkehr zur Formel 1 im Folgejahr zu stecken. Doch gerade als die Geschichte des Flügeltürers zu Ende schien, pries Max Hoffmann, der amerikanische Importeur europäischer Autos mit legendärem Geschäftssinn, dem Unternehmen die Idee zu einer Straßenversion des Wagens an. Hoffman ging sogar so weit, 1000 SL zu ordern, noch bevor das Projekt überhaupt abgenickt war.

158 oben Der SL glich stärker einem Raumschiff als andere Autos von Mercedes, auch wenn viele seiner technischen Komponenten aus Serienmodellen stammten. Seine Karriere war dennoch kurz. Sie währte nur ein Jahr, weil der deutsche Hersteller beschloss, seine Mittel für eine Rückkehr in die Formel 1 1954 zu bündeln.

158-159 Die Karosserie war komplett aus Aluminium und der Rohrrahmen wog nur 50 kg. Der Wagen debütierte 1952 mit einem zweiten Platz bei der Mille Miglia und einem Sieg in Le Mans. Auf dieser Erfolgswelle beschloss Mercedes, ihn für die schwierige Carrera Panamericana in Mexiko zu melden.

Mercedes witterte das Geschäft, und am 6. Februar 1954 wurde auf der New Yorker Auto Show ein Prototyp präsentiert. Die Serienversion war ab August erhältlich und mit 29 000 Mark mehr als dreimal so teuer wie die Limousine 180 der gleichen Ära. Man erinnere sich, dass Hoffman praktisch zeitgleich ein ähnliches Projekt BMW vorschlug, indem er das bayrische Unternehmen überredete, den herrlichen 507 für den amerikanischen Markt zu entwickeln.

Die Straßenversion des Flügeltürers hatte eine elegantere und modernere Front, eine verlängerte Haube und Lüftungsöffnungen in den vorderen Kotflügeln. Auch das Heck war neu designt, um der Seitenansicht mehr Schwung zu geben.

Die Technik war weitgehend die Gleiche wie bei seinem Rennvorgänger. Doch gab es jetzt einen für Rennen konzipierten Motor mit Direkteinspritzung, der es aber nie auf eine Rennstrecke schaffte. Faktisch war es das erste Auto mit dieser Technologie als Standardausrüstung.

Das Gewicht erhöhte sich später, weil die Karosserie nicht mehr vollständig aus Aluminium bestand. Dank der 215 PS blieb die Leistung indes sehr hoch. Die Höchstgeschwindigkeit lag bei 260 Stundenkilometern, was den 300 SL zum damals schnellsten Serienwagen der Welt machte.

Das Lenkrad ließ sich nach vorn herunterklappen, um den Einstieg auf den Fahrersitz zu erleichtern. Das wohlgeformte Armaturenbrett war eine Schönheit mit einem zentralen Aluminiumstreifen zwischen der unteren und oberen Lederpolsterung. Indessen wurde, weil das Heck des Wagens komplett vom großen Tank und vom Ersatzreifen belegt war, hinter den beiden Sitzen Stauraum als Ersatz für das Fehlen eines herkömmlichen Kofferraums geschaffen. Etwa 1400 300 SL wurden gebaut, bevor er durch einen Roadster ersetzt wurde, um der Nachfrage des amerikanischen Markts nachzukommen.

160-161 Während der Carrera Panamericana 1952 durchschlug ein Geier die Windschutzscheibe des über 190 km/h schnell fahrenden 300 SL, und der Fahrer Hans Klenk wurde bei diesem Zwischenfall verletzt. Die Crew beendete diese Etappe trotzdem und gewann am Ende den härtesten Wettbewerb von Mexiko.

o 1952

Leistung voraus TYP 30

Den Gewinn aller Siege des Mercedes-Sterns legen die Konstrukteure der Daimler-Benz AG. mit diesem Sportwagen von souveräner Eleganz in die Hände ihrer Kunden.

Obwohl sehr originell, machte der Aufbau des Coupés das Wageninnere schlechter zugänglich. Um einzusteigen, musste man über den hohen Schweller klettern und sich dann in den Sitz fallen lassen, was einige Gelenkigkeit erforderte. Das konnte zweifellos negative Auswirkungen auf den Absatz haben. Zudem erklärte Max Hoffman dem Management, dass diese Einstiegstechnik auch unpraktisch für Röcke tragende Damen war, und so wurde der Flügeltürer 1957 durch eine konventionellere Cabrio-Version ersetzt.

Die Entscheidung bedeutete das Verschwinden der aufregenden Flügeltüren. Das wurde allerdings teilweise wieder wettgemacht durch eine Erhöhung des Komforts und günstigere Fahreigenschaften, die eine verbesserte Hinterradaufhängung brachte, eine der Schwachstellen der ersten Version.

Das 300 SL Coupé blieb ein einzigartiges Auto, das die Welt bezauberte und berühmte Kunden anzog wie Pablo Picasso, den Rennfahrer und Playboy Porfirio Rubirosa und die Schauspielerinnen Zsa Zsa Gabor und Sophia Loren. Ihm kam auch eine bedeutende Rolle in dem französischen Film „Aufzug zum Schafott" (1958) von Louis Malle zu. Selbst heute ist er immer noch ein bestechendes Auto, das starke Emotionen weckt.

Die spektakulären Flügeltüren überdauerten in den Herzen von Mercedes-Fans. Man setzte sie 1969 für den experimentellen Prototyp C111 ein, der mit einem Wankelmotor ausgerüstet war.

162-163 oben Als der Wagen aus dem Renngeschäft abgezogen wurde, machte man sich daran, eine Straßenversion zu bauen. Man nahm an, der für europäische Sportwagen sehr empfängliche amerikanische Markt werde diese sehr schätzen. Die Skizze stammt aus einem Prospekt von 1955.

162-163 unten Der 300 SL, der am Ende herauskam, unterschied sich stark vom Rennmodell und war eleganter. Front und Heck waren neu gestaltet und die Haube verlängert, er hatte die ursprünglichen „Wellen" über den Radkästen und behielt die Flügeltüren. Er gilt noch immer als eines der schönsten Autos aller Zeiten.

164-165 Der 300 SL wurde als Rennwagen geboren. Sein faszinierender Türmechanismus, beschrieben als Flügelschlag einer Möwe, war kein Gag, sondern eine Notwendigkeit, da das Chassis an den Seiten so hoch war, dass man keine herkömmlichen Türen benutzen konnte. Indessen rühmte sich der Wagen des ersten Benzineinspritzmotors überhaupt. Dieser war für die Rennstrecke entwickelt worden, kam dort aber nie zum Einsatz und landete in der PKW-Version des 300 SL. Seine Rennseele war mit 215 PS und einer Höchstgeschwindigkeit von 250 km/h aber noch höchst lebendig und machte ihn zum schnellsten Serienauto der Welt.

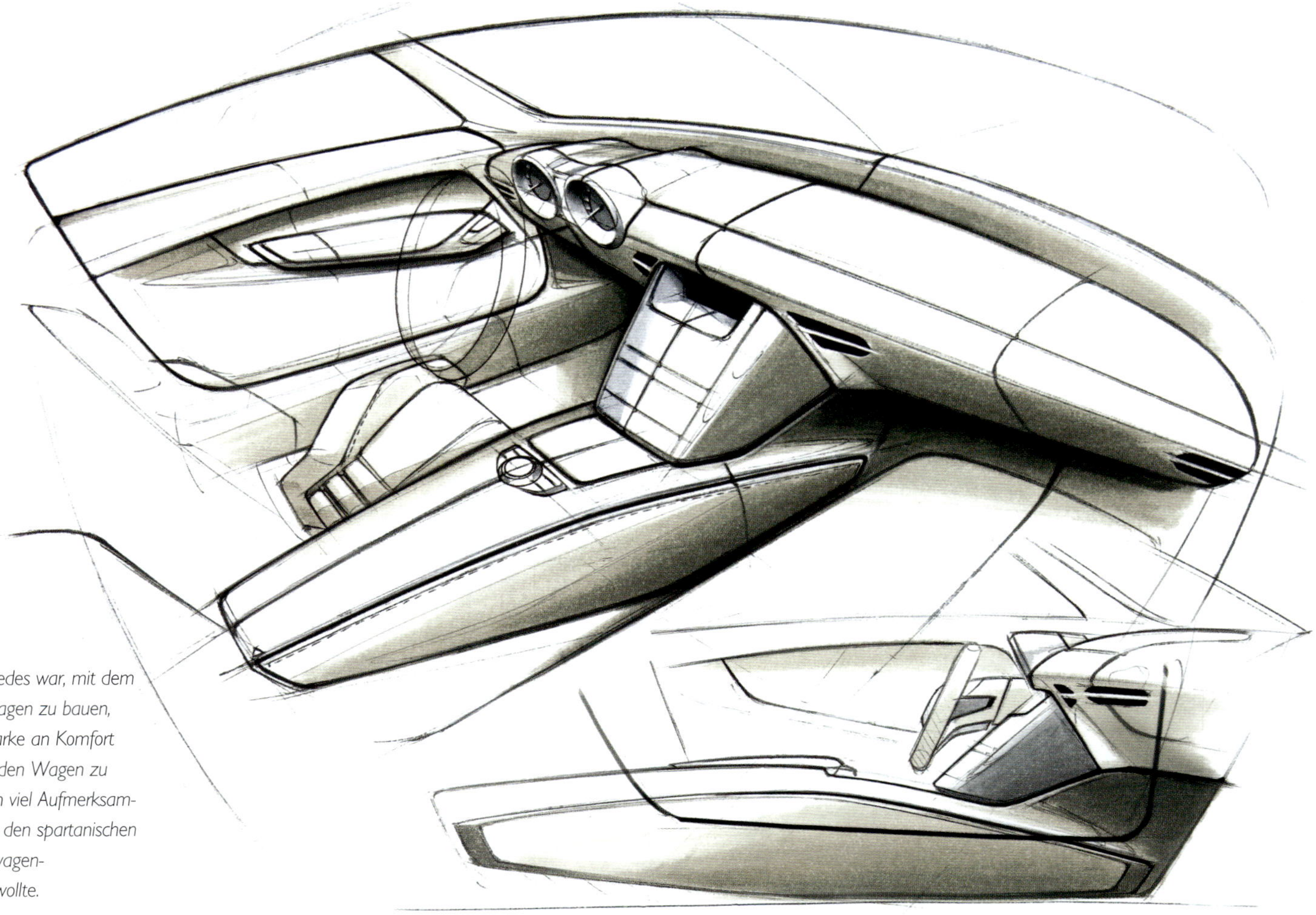

166 oben Ziel von Mercedes war, mit dem SLS einen Hochleistungswagen zu bauen, der die Ansprüche der Marke an Komfort und Eleganz erfüllte. Um den Wagen zu profilieren, verwandte man viel Aufmerksamkeit auf sein Interieur, das den spartanischen Ansatz seiner Supersportwagen-Konkurrenten vermeiden wollte.

Ein wahres Fest scharfer Kanten

Die Fans mussten jedoch bis zum Herbst 2009 warten, um sie wieder an einem Serienmodell zu sehen, als der SLS AMG (eine Abkürzung für die Sportwagenabteilung von Mercedes) auf der Frankfurter IAA präsentiert wurde. Der SLS AMG ist ein niedriges, langes und muskulöses Coupé mit einem vom ersten 300 SL inspirierten Türöffnungssystem, das aber leichtes Ein- und Aussteigen ermöglicht, obwohl der Einstiegspunkt nur 45 Zentimeter über dem Boden liegt. In der Planungsphase zog man ein elektrisches Türöffnungssystem in Erwägung, das aber zu vierzig Kilo mehr Gewicht geführt hätte, sodass man von der Überlegung wieder abkam.

Die Front und der vordere Kotflügel greifen stilistische Hauptmerkmale seines Vorgängermodells wieder auf, wenn auch mit hochmodernem Touch. Anders als bei den früheren Modellen sind der Rahmen und die Karosserie komplett aus Aluminium gefertigt, einzige Ausnahme sind einige Stahlverstärkungen aus Sicherheitsgründen. Der Motor ist eine 6-Liter-V8-Bestie mit 571 PS, fulminanter Beschleunigung und 315 Stundenkilometern Höchstgeschwindigkeit.

Das Siebenganggetriebe ist als Gegengewicht zum großen Frontmotor zwischen den Hinterrädern montiert. Das verleiht dem SLS die nötige Straßenlage, die Mercedes braucht, um mit Porsche und Ferrari – Marker, die mit dem Bau derartiger Wagen viel vertrauter sind – konkurrieren zu können. Und wie das geht? Indem man den Mythos Flügeltürer wiederbelebt.

166-167 Wie man in diesen Skizzen sieht, versuchten Front, Heck und Proportionen den Geist des ersten SL einzufangen, jedoch mit einem modernen Dreh. Das Design ist allein das Werk des Mercedes Design Center, obwohl viele Karosseriebauer gern an diesem Projekt mitgearbeitet hätten.

167 oben Mercedes konnte sich von den am Dach angeschlagenen Türen nicht trennen, sie boten aber eine deutlich größere Einstiegsöffnung als bei den Autos der Fünfziger. Auch ein elektrisches Türöffnungssystem wurde erwogen, aufgrund seines zu hohen Zusatzgewichts aber verworfen.

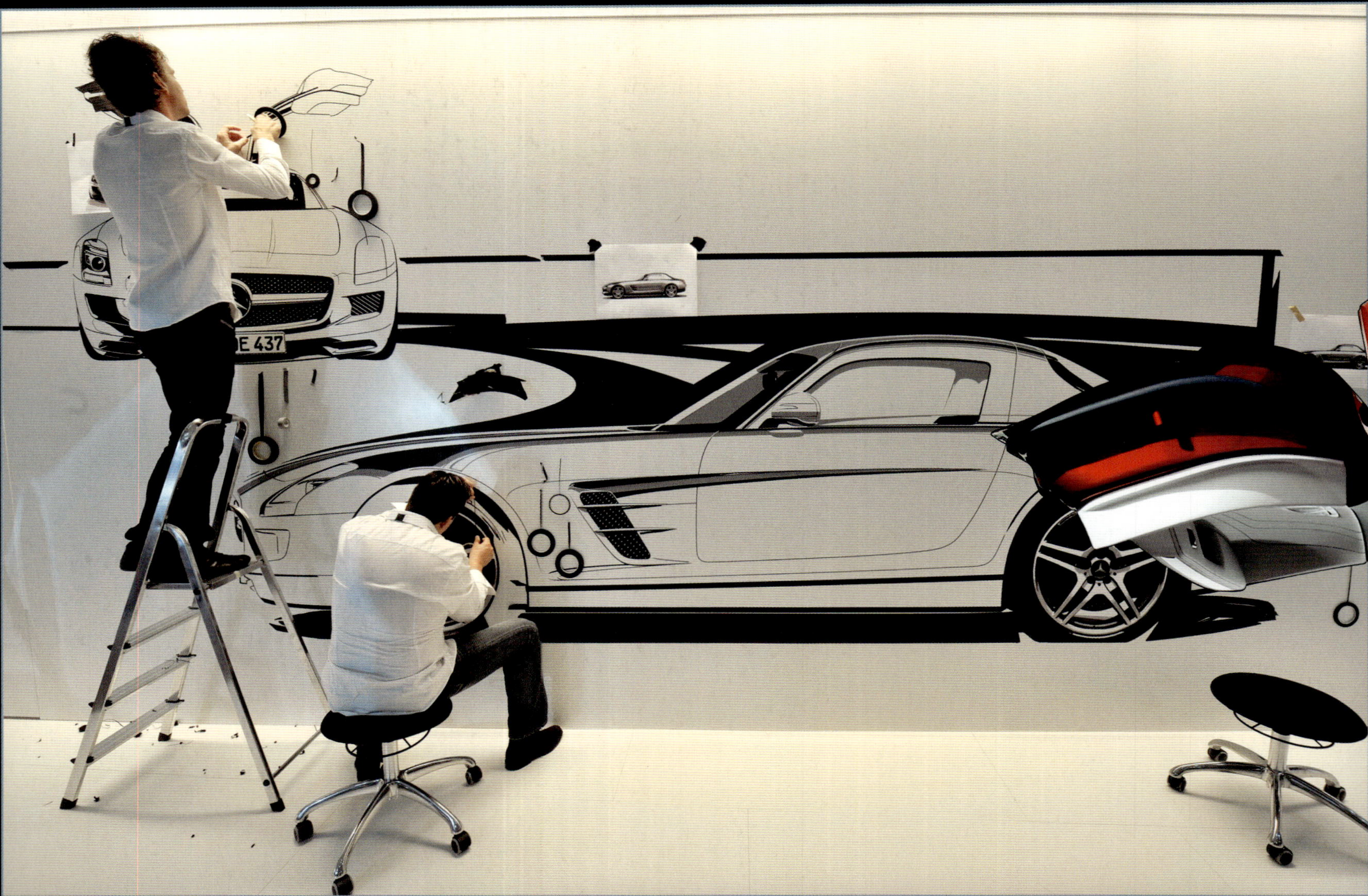

168 oben und 169 oben Der zurückversetzte Fahrgastraum und das zwischen den Hinterrädern montierte Getriebe verlagerten ausreichend Gewicht, um den schweren Frontmotor unter der 2 Meter langen Haube auszugleichen. Neben der Aluminiumkarosserie gab es noch weitere gewichtsparende Methoden, darunter eine Carbonachse und Sitzlehnen aus Magnesium.

168 unten Die Aerodynamik des SLS ist das Ergebnis ausführlicher Tests im Windkanal. Um das Fahrverhalten bei höheren Geschwindigkeiten zu verbessern, fährt automatisch ein beweglicher Heckspoiler aus, sobald der Wagen schneller als 120 Stundenkilometer fährt.

168-169 Der aggressive Look steht perfekt im Einklang mit der Leistungsstärke des SLS, der eine Höchstgeschwindigkeit von fast 320 km/h erreicht. In Umkehrung der Biografie des 300 SL der Fünfziger, wurde das Straßenmodell in eine Rennversion umgewandelt, die 2011 auf die Strecke ging.

AMG

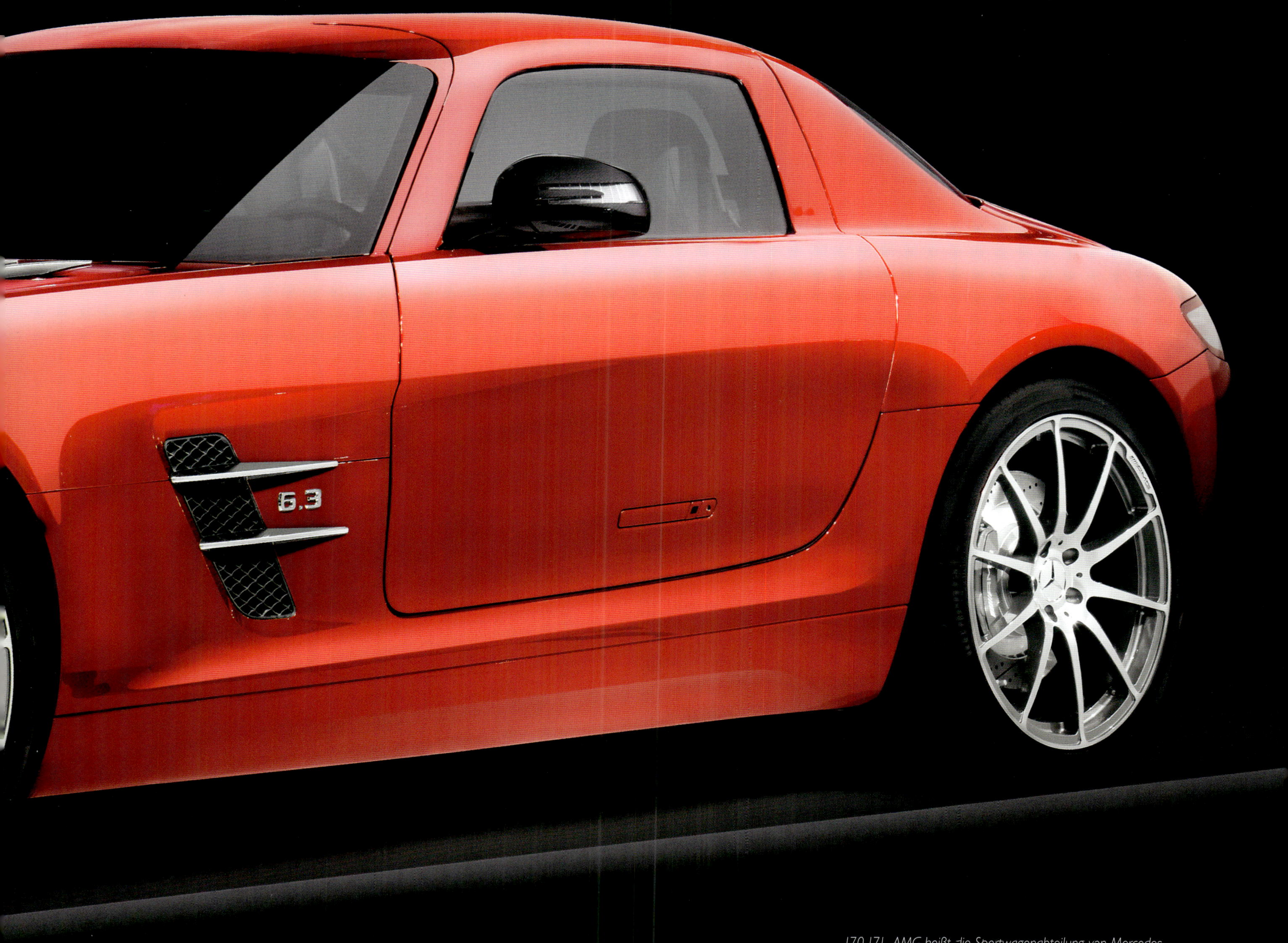

170-171 AMG heißt die Sportwagenabteilung von Mercedes, die über viele Jahre Rennwagen vorbereitete und einsetzte und außerdem spezielle Hochleistungsversionen der Serienmodelle realisiert. Für den SLS hat AMG einen starken Achtzylindermotor mit 571 PS gebaut.

Trabant 601 und nT

Das Sparauto aus einer anderen Welt

Trabant bedeutet „Begleiter“ oder „Weggefährte“, und fast dreißig Jahre lang ist er für Millionen Bewohner Ostdeutschlands genau das gewesen. Seine Geschichte beginnt in den Fünfzigerjahren im geteilten Deutschland mit den von August Horch, dem „Vater“ von Audi, gegründeten Horch-Werken, die Luxusautos herstellten. Die Werke befanden sich im sowjetisch kontrollierten Teil des Landes. Nach Umbenennung in AWZ – Automobilwerk Zwickau – begann das Unternehmen 954 mit der Produktion des P70, einem ulkigen kleinen Auto mit Zweizylinder-Zweitaktmotor, unsynchronisierter Dreigangschaltung und einer Karosserie aus Duroplast, einem baumwollverstärkten, gegen Rost immunen Kunststoff, der deutlich billiger als Stahl, einfach formbar und leicht war.

Allerdings war der Kunststoff gegenüber Temperaturschwankungen empfindlich, zersetzte sich mit der Zeit und brach. Überdies war das Auto wegen seiner Kunststoffbasis nicht recyclebar, auch wenn 1988 in Emir Kusturicas Film „Schwarze Katze, weißer Kater“ ein großes Schwein im Verlauf des Films die Karosserie eines Trabant komplett auffraß.
1957 führte man den Nachfolger des P70, den P50 ein, legte den Markennamen AWZ ab und hieß ab nun VEB Sachsenring (das Akronym für Volkseigener Betrieb). Man veranstaltete einen Wettbewerb, um einen kreativeren Namen für den P50 zu finden. Für Trabant entschied man sich zu Ehren des Sputnik, dem ersten künstlichen Erdsatelliten der Geschichte, der im selben Jahr gestartet wurde und auf Russisch „Begleiter“ bedeutet.

174-175 Im Profil zeigt das Auto sein spartanisches Design mit einer Schnauze und einem Heck in fast der gleichen Form wie seine geraden Seiten. Er ähnelt einem Comic-Spielzeugauto, war aber einmal das einzige Transportmittel von Millionen Ostdeutschen.

175 oben Trotz seiner Länge von gerade einmal 3 Metern, war der Innenraum des Trabant recht geräumig. Die Grafik lüftet das Geheimnis: Der Zweitaktmotor war sehr kompakt, und sogar der Tank war unter der Haube untergebracht, um keinen Platz für die Insassen zu vergeuden.

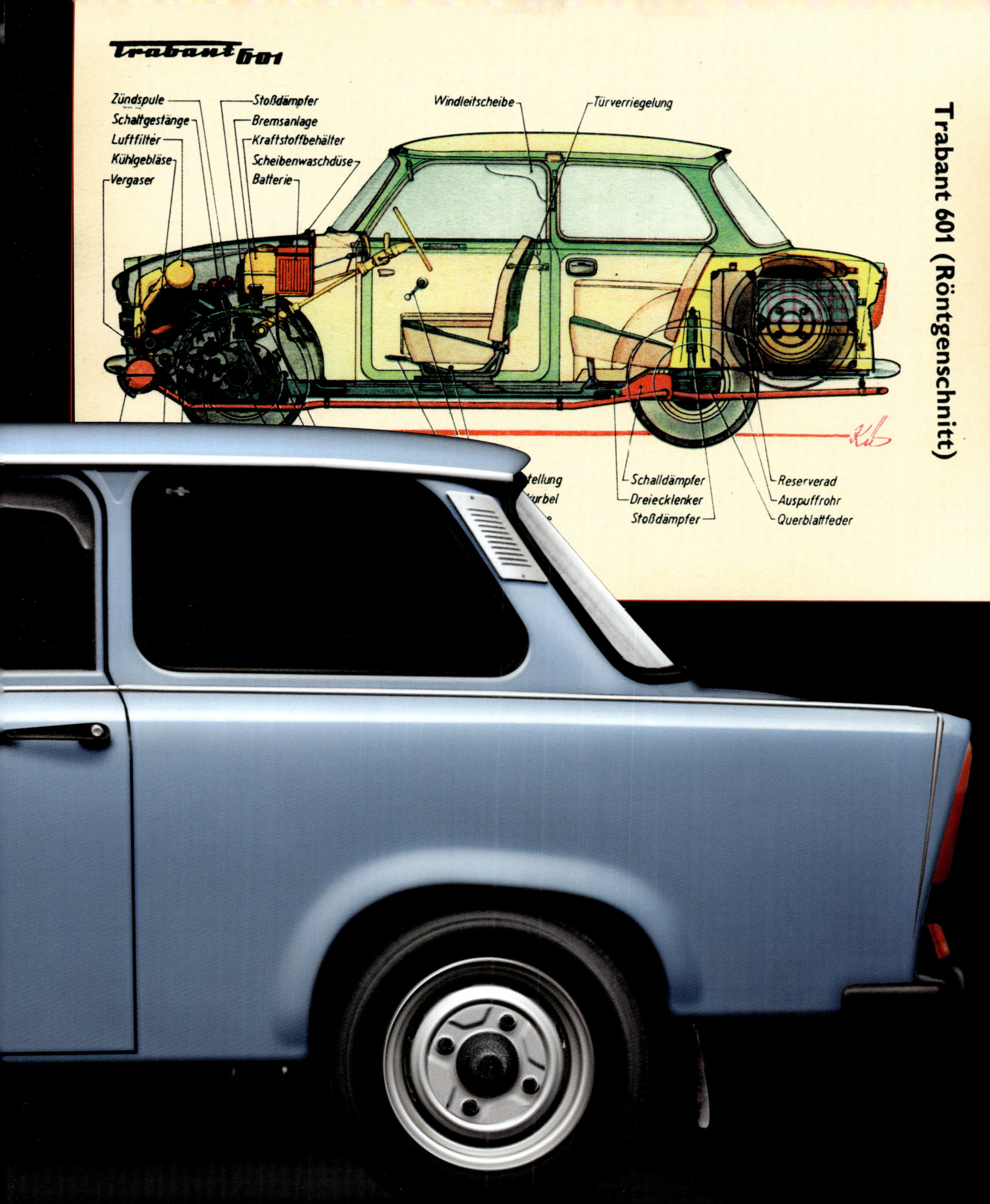

Trabant 601 (Röntgenschnitt)

Der P50 basierte auf dem P70, doch die Leistung des 0,5-Liter-Motors wurde von 22 auf 18 PS gesenkt. Bevor 1960 der P60 kam, wurden 130 000 P50 mit geringfügig vergrößertem Hubraum gebaut. Die Ankunft des „echten" Trabant, den jedermann mit der Berliner Mauer verbindet, stand allerdings noch bevor.

Sie fand 1964 mit dem Modell 601 statt, das bis 1991, als es endgültig von der Bühne abtrat, unveränderlich blieb. Mit 600 Kubik und 25 PS war der 601 flotter unterwegs als der P50, obwohl er für die Beschleunigung von Null auf Hundert dreißig Sekunden brauchte und nicht schneller als 110 Stundenkilometer war. Bauweise und Technik der Kleinlimousine waren größtenteils unverändert, er hatte die gleiche Luftkühlung und einen Zweizylinder-Zweitaktmotor, der das Auto Qualm spucken ließ, dafür verfügte das Fahrzeug diesmal über ein Viergangetriebe. Wenn es irgendetwas daran zu loben gab, dann die elektronische Zündanlage, die anders als die bei den Schwergewichten der westlichen Autohersteller verbauten mechanischen Zündanlagen nicht auf Unterbrecherkontakten aus Platin basierte.

Die elektronische Zündung hatte einige Vorteile. So absolvierte 1997 ein Trabant mit Leichtigkeit den „FTAA-Test" (Elch-Test), ein Fahrdynamik-Test, in dem es darum geht, einem Hindernis auszuweichen. Nur Wochen zuvor hatte der neue Mercedes-Benz A-Klasse in diesem Test ein solches überfahren – was weltweit für Hohn sorgte.

Den 601 gab es auch als Kombi – wie er auch hieß –, und es existierten einige, wenn auch seltene, Cabrio-Versionen, da sie in der Regel „Marke Eigenbau" waren. Sogar ein Rallye-Modell wurde produziert – der 800 RS von 1986 – mit einem auf 800 Kubik und 65 PS hochgerüsteten Motor.

Der 601 war das einzige Transportmittel auf vier Rädern, das ein Ostdeutscher zu vertretbaren Preisen erwerben konnte. Nicht zufällig wurden fast drei Millionen Autos gebaut, Käufer akzeptierten Wartelisten von mehreren Jahren. Gebrauchte Trabants waren auf dem Markt oft teurer als die neuen, weil sie sofort verfügbar waren. 1988, ein Jahr vor dem Fall der Berliner Mauer, war klar, dass etwas Revolutionäres bevorstand. Für den „Trabi", wie er liebevoll genannt wurde, war dieses Jahr insofern bedeutsam, als er ein neues „Herz" bekam. Das Unternehmen pflanzte dem in die Jahre gekommenen 601 den 45-PS-Vierzylinder des VW Polo ein, der in Lizenz gebaut wurde. Der Wagen namens Trabant 1.1 erhielt auch eine neue Aufhängung, um ihn mit seiner neuen „irren" Höchstgeschwindigkeit von 130 Stundenkilometern am Boden zu halten, und einen leicht überarbeiteten, an der rechten Seite geschlossenen Kühlergrill.

Der Wind des politischen Wandels rüttelte am Brandenburger Tor, und 1989 fiel die Mauer. Fernsehsender in aller Welt übertrugen die Bilder ganzer Familien in pastellfarbenen Trabants, wie sie von Hunderten von Bürgern der BRD beim Passieren der Grenze nach West-Berlin begeistert winkend gefeiert wurden.

Dieser Glücksmoment markierte indes das Aus für den „Trabi", da sich die ostdeutschen Bewohner bald einer schier endlosen Auswahl neuer wie gebrauchter westlicher Modelle zuwandten und ihre „Begleiter" ausrangierten. Der Betrieb war gezwungen, 1991 zu schließen, nachdem er etwas mehr als 39 000 Trabants mit dem neuen Motor ausgestattet hatte.

Neuerdings erlebt der Trabant eine Art Renaissance, und die Preise sind wieder gestiegen. Er ist im Berliner DDR Museum ausgestellt, das rekonstruierte Alltagsszenen aus dem ehemaligen Ostdeutschland zeigt, und für ein paar Euro kann man ihn auch mieten.

Ein blauer Trabant, der die Berliner Mauer durchbricht, ist eines der bekanntesten Graffitis auf den Überresten der Mauer, und seine hohe Symbolkraft verschaffte dem Wagen Auftritte in über zweihundert Filmen, darunter „Good Bye Lenin!" (2003) und „Geständnisse – Confessions of a Dangerous Mind" (2002). Die Rockgruppe U2 macht ihn 1992 im Video eines ihrer erfolgreichsten Songs – „One" – zum Thema und verwendete elf speziell umgerüstete Trabants bei ihrer einundzwanzigmonatigen Welttournee Zoo TV als Bühnenbeleuchtung.

176 Es ist Herbst 1989 und das Ende der Deutschen Demokratischen Republik. Eine Welle von Trabants überquert die Grenze in einer bläulichen Abgaswolke der Öl verbrennenden Zweitakter. Diese Wagen wurden rasch abgeschafft und von ihren Besitzern vergessen, die sie jahrelang gehegt und gepflegt und oft selbst repariert hatten, weil es kaum Autowerkstätten gab.

177 Das Bild des Trabant, der die Betonsperranlage durchbricht, ist eines der berühmtesten Gemälde auf den Überresten der Berliner Mauer. Deren längster Abschnitt ist knapp 1,5 Kilometer lang, hieß East Side Gallery und wurde erst kürzlich restauriert wiedereröffnet.

NOV·9-89
BIRGIT KINDER

Ein neues „grünes“ Leben

Obwohl er auf der Time Magazine-Liste der fünfzig schlechtesten Autos der Geschichte stand, musste ein Auto wie der Trabant, das sowohl eine Ära als auch eine Weltanschauung verkörperte, geradezu eine modernisierte Version anregen.
So zeigte die IAA Frankfurt 2007 ein Minimodell des Trabant nT, unbestreitbar ein Kombi für das 21. Jahrhundert. Herpa, ein bekannter deutscher Modellautohersteller, hatte die Idee dazu, und 2009 wurde, wiederum in Frankfurt, das Concept Car vorgestellt. Designt von Nils Poschwatta, wurde der neue Trabant von IndiKar produziert, einer auf Sonderschutzfahrzeuge spezialisierten Firma. Hatte der alte Trabi wegen der stark belastenden Abgase seines Zweitaktmotors den Spitznamen „Waldkiller", ist die Herpa-Version so grün es nur geht. Sie hat einen von Lithiumbatterien getriebenen 60-PS-Elektromotor, der eine Reichweite von 160 Kilometer und eine Höchstgeschwindigkeit von 130 Stundenkilometer bietet. Den Wagen auf der Straße zu sehen, erfordert allerdings noch etwas Geduld, da fehlende Finanzierung den Bau verzögert. Direkt bei Herpa kann man dagegen für circa dreißig Euro ein Modell im Maßstab 1:43 kaufen – was mehr ist, als manche Ostberliner damals im Herbst 1989 für ihre echten „Trabis" verlangten.

178-179 Der Trabant des 21. Jahrhunderts knüpft direkt an seinen Vorgänger an und versucht, einen Stil originalgetreu nachzubilden, der in den Augen vieler mit den Jahren Charme bekommen hat.

179 oben Designer Nils Poschwatta bei der Arbeit an einer Neuauflage des „Trabi" fast 50 Jahre nach der Geburt des Originals. Um den Stil festzulegen, wurden Computergrafiken ebenso benutzt wie klassische Lehmmodelle.

179 unten Die Entscheidung, die Kombi-Version statt der berühmteren Limousine nachzubauen, ist eine Folge des großen Platzbedarfs der Batterien. Die Rücklichter greifen die Originalform auf unter Verwendung moderner LED-Technik.

BMW 507 und Z8

Deutsch mit südländischem Herzen

Vor dem Zweiten Weltkrieg mischte BMW mit dem BMW 328 im Spider- und Roadstersegment kräftig mit. Nach dem Krieg sah sich die Firma dagegen ausschließlich Limousinen bauen, ohne ein attraktives Produkt anzubieten, das Kunden angelockt und Verkaufszuwächse erzielt hätte. Vor allem in den USA explodierte aber die Nachfrage nach schnellen Autos, da die leichten und aggressiven europäischen Sportwagen amerikanische Soldaten überzeugt hatten und diese die Autos einzeln importierten. Der BMW-Importeur Max Hoffman machte damit ein Vermögen und überzeugte 1954 das deutsche Unternehmen, einen Roadster für den amerikanischen Markt zu entwickeln.

Hoffman stellte außerdem den Designer Albrecht Graf von Goertz vor, der den Zuschlag erhielt. Nach achtzehn Monaten waren die ersten Prototypen fertig. Zwei Modelle des 507 wurden 1955 im New Yorker Luxushotel Waldorf Astoria präsentiert. Das Design des Wagens erhielt begeisterte Kritiken und trieb einige Journalisten sogar zu der mutigen Behauptung, BMW habe „die Italiener geschlagen". Da war etwas dran, da dieses Auto, wenn auch eine rein deutsche Erfindung, ein provozierend „südländisches" Design aufwies.

Die Auslieferung des ersten 507 zog sich allerdings bis Dezember 1956 hin, weil BMW damals der Konstruktion der dreirädrigen Isetta Priorität einräumte, einem winzigen Fahrzeug, das eine Art Vorläufer des Smart darstellte.

Unter der Haube des 507 arbeitete ein 3,2-Liter-Achtzylinder mit nur 150 PS, eine Leistung, die in seiner Laufzeit nur leicht erhöht wurde. Die Werbebroschüre pries die Spitzengeschwindigkeit von 220 Stundenkilometern, doch nur Wenige beachteten das Kleingedruckte, wonach diese nur bei Montage einer abgesenkten Windschutzscheibe und einer aerodynamischen Teilverkleidung des Fahrgastraums erreicht wurde. Der 507 war damit schnell, aber kein echter Sportwagen, und seine Konkurrenten, vor allem der Mercedes 300 SL, waren deutlich leistungsstärker. Was jedoch nichts daran änderte, dass das Modell im Besitz vieler Prominenter landete. Elvis Presley, der in Deutschland in einem amerikanischen Bataillon diente, wurde oft am Steuer eines 507 gesehen, ebenso Alain Delon, Ursula Andress, der Skirennläufer Toni Sailer, Fürst Rainier von Monaco, der Aga Khan und die Könige von Griechenland und Marokko. Dennoch war das Auto kein großer Erfolg, hauptsächlich aufgrund seines Preises von fast

182 und 182-183 Das Design des 507 stammt ursprünglich von Albrecht Graf von Goertz, der später zu Porsche und dann zu Toyota ging. Die Zeichnungen und das nach ihnen entstandene Holzmodell schlugen einen Stil vor, der nicht endgültig war, aber „Heckflügel" vorsah, die in den USA damals groß in Mode waren; sie wurden am Ende jedoch zugunsten eines klareren, schlankeren Hecks fallen gelassen. Eigentlich war der Wagen für den amerikanischen Markt gedacht, der nach dem Zweiten Weltkrieg gierig nach Cabrio-Sportwagen war.

183 oben Amerikanische Journalisten behaupteten, BMW habe die Italiener stilistisch geschlagen, weil dieses reinrassige deutsche Auto ein provokatives „südländisches“ Design hatte. Die beiden Hörner auf der Heckstoßstange gingen aber nie in Produktion.

30 000 Mark, was heute rund 15 000 Euro entspricht. Insgesamt wurden 521 Fahrzeuge gebaut, außerdem drei komplette Fahrgestelle für Sonderprojekte, aber nur 39 erreichten den amerikanischen Markt, für den der 507 ursprünglich gedacht war. Die Produktion wurde folglich 1960 eingestellt.

Trotz seiner anerkannten Schönheit hat der 507 nie die Fantasie von Filmemachern beflügelt. Seinen einzigen bedeutenden Leinwandauftritt hatte er in einer Verfolgungsszene im Film „Fantômas" (1964), in dem kurioserweise die Nummernschilder aller Autos auf 75 enden.

In den frühen Neunzigern wiederholte sich die Geschichte, als BMW erneut einen prestigeträchtigen Sportwagen wollte, um der Marke etwas Glanz zu verleihen.

184 Während seiner Stationierung in einem US-Stützpunkt kauft Elvis Presley einen 507 bei einem BMW-Händler in Frankfurt. Die Schlüssel überreicht die hessische Schönheitskönigin von 1956 Ursula Siebert.

184-185 Dieses Poster von 1957 zeigt den offiziellen Namen des 507: Touring Sport. Das Design war sehr schnittig und aggressiv, doch die Leistung nicht entsprechend, was verhinderte, dass der Wagen wirklich mit seinen italienischen Rivalen und seinem Landsmann, dem Mercedes 300 SL konkurrieren konnte. Doch der 507 büßte seinen Charme nie ein, selbst nicht mit Hardtop statt Stoffdach. Die komplett handgefertigte Hardtop-Version wurde nur von einigen wenigen geordert.

186-187 Wegen seines hohen Preises wurden weniger als 520 Autos verkauft und nur 39 für den US-Markt gebaut, für den er bestimmt gewesen war. 1960 endete die Produktion.

BMW 507
Touring Sport

Tonnenweise PS (um alte Fehler zu vermeiden)

1994 präsentierte der Däne Henrik Fisker, der später zu Aston Martin wechselte, seine ersten Entwürfe. Auf dem Autosalon in Tokio gab 1997 dann der Z07 sein Debüt, dessen Name optisch an den 507 erinnert. Das Auto war eindeutig eine Hommage an seinen Vorgänger aus den Fünfzigern und erinnerte mit der langgezogenen Front und dem extrem kurzen Heck an dessen stilistischen Grundansatz. Überdies war die Haube horizontal ausgearbeitet, mit Seitenschlitzen hinter den Vorderrädern. Wie zuvor war das Publikumsecho sehr positiv. 2000 ging der Wagen unter dem Namen Z8 in Produktion und bekam wie der alte 507 einen V8-Motor. Dieses letzte Merkmal kam, wie auch die übrige Technik, von der Limousine M5, und seine 400 PS beschleunigten den Z8 in 4,7 Sekunden von Null auf Hundert. Die Geschwindigkeit betrug elektronisch abgeriegelt 250 Stundenkilometer, da BMW den Fehler einer Untermotorisierung nicht wiederholen wollte. Für seine Markteinführung beschritt BMW den gleichen spektakulären Werbeweg wie 1995 auch schon beim Z3. Der Z8 war ebenfalls James-Bond-Auto im Film „Die Welt ist nicht genug“ (1999), in dem ein Modell drehbuchgetreu buchstäblich halbiert wird. Der Z8 war teuer, was ihn in direkte Konkurrenz zu Schwergewichten wie Ferrari und Lamborghini brachte. Überdies berücksichtigte er keine Kundenwünsche, sondern kam mit vollständiger Ausstattung. Man hatte keine Optionen und konnte lediglich die Farbe von Karosserie und Interieur aussuchen. Trotzdem wurden zwischen 2000 und 2003 5 703 Autos gebaut, 3160 blieben in Europa, 2 543 gingen in die Vereinigten Staaten. Das kam der Ausgangserwartung von 1500 Stück pro Jahr recht nahe. Der letzte Z8 lief im September 2003 vom Band, wenige Wochen nachdem die Produktion seines „Organspenders“ M5 eingestellt wurde.

188-189 Anders als sein Vorgänger hatte der Z8 ein Hardtop aus Massenfertigung. Einzig angebotene Option war die Farbwahl bei Lackierung und Interieur. Das ästhetische Ergebnis war dennoch fragwürdig, sodass man ein Hardtop-Modell heute selten auf der Straße sieht.

189 oben Der Brite Pierce Brosnan, einer der vielen Schauspieler, die James Bond verkörperten, neben einem Z8, der in „Die Welt ist nicht genug“ mitspielte. Der verstärkte Wagen hatte darin an den Seiten zwei einfahrbare Raketenabschussgeräte und war über eine Fernbedienung im Zündschlüssel steuerbar.

190 oben Das gesamte Interieur des Z8 verfolgte bewusst einen Retrostil, angefangen bei den dünnen Metallspeichen im Lenkrad und der Instrumentierung im Zentrum des Armaturenbretts von Chefdesigner Chris Bangle, der damit erreichen wollte, dass „sich der Fahrer ausschließlich auf die Straße konzentrieren kann und eins mit dem Wagen ist".

190-191 Die Entstehung des Z8 aus dem 507 wird besonders in der Frontansicht deutlich. So hieß der Prototyp, der 1997 auf der Tokyo Auto Show gezeigt wurde, Z07 – ein visuelles Wortspiel, das den Geist und den Namen seines Vorgängers aus den Fünfzigern reklamierte.

BMW Z8

Ford Thunderbird

Thunderbird

Sozusagen ein Sportwagen

Der Donnervogel ist ein von amerikanischen Indianern verehrtes Fabelwesen, das Stürme und Unwetter bringt. Sein Flügelschlag balle die Wolken zusammen und lasse es donnern, während aus seinen Augen die Schlangen, die er mit sich trägt, als leuchtende Blitze zur Erde fahren.

Solch aggressiver Name scheint wenig adäquat für ein Auto, das, indem es Luxus erschwinglich machte, berühmt wurde. Er ist das Resultat eines Gewinnspiels für Ford-Angestellte, das fünftausend Ideen anschwemmte, darunter El Tigre, Apache und Thunderbolt. Das Rennen machte der Designer Alden „Gib" Gibson. Der Preis war ein Designeranzug für 250 Dollar, aber Gibson entschied sich für einen zu 95 Dollar und eine Hose von Saks Fifth Avenue.

Mit dem Thunderbird brachte Ford das private Luxusauto auf den Markt – ein Hochleistungsfahrzeug, das kompakter und billiger war als seine Rivalen. Eigentlich für einen Sportwagen zu schwer, war er imstande, Meisterschaften zu gewinnen, darunter das NASCAR-Rennen. Den größten Erfolg erzielte er jedoch beim breiten Publikum; in seiner fünfundvierzigjährigen Karriere wurden 4,4 Millionen Exemplare gebaut.

Seine Anhängerschaft war so heterogen, dass man ihn ebenso gut vor einem exklusiven Club wie vor einem Supermarkt parken sehen konnte. Er war das Examensgeschenk, von dem viele junge Amerikaner träumten, aber auch bei älteren Damen beliebt. Kurz: Die Leidenschaft für den Thunderbird hatte alle Gesellschaftsschichten erfasst.

Die Ursprungsidee war die Gleiche wie die des Chevrolet Camaro: ein amerikanischer Sportwagen, der es mit der europäischen Konkurrenz aufnehmen konnte. Nach mehreren Prototypen wurde im September 1954 das Serienmodell mit Fokus auf ein komfortables Interieur eingeführt, obwohl Coupé und Cabrio nur zwei Sitze hatten.

Die Instrumentierung war avantgardistisch. Optional war ein Volumatic-Radio, das die Lautstärke drehzahlabhängig erhöhte. Der Verkauf boomte rasch, 1955 wurden 16 155 Stück abgesetzt – von der Corvette nur siebenhundert–, aber die Firma ließ sich nicht so schnell zufriedenstellen.

Für die zweite Generation wurde das Auto umgestaltet, damit vier Insassen darin Platz fanden. Dafür

194 oben Der erste Thunderbird war nicht nur das Traumauto von Erwachsenen, sondern auch von Kindern. Die Spielzeugversion hatte batteriebetriebene Scheinwerfer und kam auf 10 km/h.

194-195 In perfekter Fortführung der amerikanischen Tradition, hatte der erste Thunderbird anfangs nur große 8-Zylindermotoren. Sie hatten zwischen 193 und 223 PS, und das obligatorische Dreiganggetriebe war manuell oder automatisch.

wurde der Thunderbird verbreitert, bekam einen längeren Radstand, und sein Gewicht wurde um 400 Kilo erhöht. Die Verkaufszahlen stiegen weiter auf 93 000 im Jahr 1960.

Das Modell von 1961, dessen Form einem Geschoss ähnelte, liebten die Fans. Robert McNamara, Präsident von Ford und später amerikanischer Verteidigungsminister, erhielt fünfzig Thunderbirds, um Präsident John F. Kennedy am Tag seiner Amtseinführung zu eskortieren – ein unglaublicher Werbetrick. Ein Zentralrückspiegel kam zum Einsatz und zu den technischen Finessen gehörte, dass sich das Lenkrad fünfundvierzig Zentimeter nach rechts rücken ließ, um das Ein- und Aussteigen zu erleichtern. Auf der Zubehörliste standen Klimaanlage und elektrische Fensterheber. Es wimmelte von Sondervorrichtungen, von denen einige unnütz waren wie etwa die Lauflichtblinker, die von innen nach außen aufleuchteten. Andere wichtige Elemente wie etwa Scheibenbremsen vorne fehlten jedoch nach wie vor, sie wurden erst 1965 eingeführt.

Der eigentliche Durchbruch erfolgte ein Jahr später. Die fünfte Generation des Thunderbird erfuhr zahlreiche Veränderungen, um sich von dem leistungsstärkeren und sparsameren Mustang abzusetzen, der drei Jahre zuvor kreiert worden war. Die Abmessungen wuchsen, die Qualität des Interieurs wurde verbessert, und die Cabrio-Version wich einem Viertürer mit hinten angeschlagenen Hecktüren, der aber nicht sehr erfolgreich war. Stilistisch war das Modell von Kampfflugzeugen inspiriert; die Türen verriegelten sich automatisch, sobald man schneller als 13 Stundenkilometer fuhr.

1971 lancierte das Luxusgeschäft Neiman Marcus eine originelle Werbekampagne, die auf Pärchen abzielte: zwei speziell designte „Für Sie & Ihn"-Thunderbirds mit Elektrorasierer, Make-up-Spiegel und Tonbandgerät für 25 000 Dollar.

Auch wurde der Wagen immer größer, mit der sechsten Serie erreichte er 1972 sein Höchstlänge von 5,40 Meter, fast 30 Zentimer mehr, und wog fast zwei Tonnen (1800 Kilo), wenn man den leistungsstarken 7,5-Liter-Achtzylinder wählte. Der amerikanische Autoinformationsdienst Edmunds schrieb, dieser Thunderbird habe „Türen so groß wie ein County von Kansas und eine so lange Haube, dass sie von der PGA als Par 5 bewertet wurde".

Der Wagen verbrauchte Benzin wie ein Flugzeug, unter bestimmten Bedingungen für rund acht Meilen eine Gallone. Mit der Ölkrise brach der Absatz stark ein und sank von 87 000 Autos 1973 auf 43 000 im Jahr 1975.

Einen Aufschwung brachte das knapp 25 Zentimeter kürzere und gut 180 Kilo leichtere Modell von 1977, das einen verminderten Hubraum von 4,9, 5,8 oder 6,6 Litern aufwies, aber noch immer Achtzylindermotoren hatte. Es war mit 300 000 zugelassenen Wagen in den Folgejahren der beliebteste Thunderbird aller Zeiten. Das Publikum verlangte jedoch bald nach kompakteren Abmessungen und einem wirtschaftlichen Benzinverbrauch.

196-197 Der T-Bird von 1960 war der Letzte aus der zweiten Generation und unterschied sich von vorherigen Modellen durch einen auffälligeren Kühlergrill. Unter den Motoren befand sich eine 7-Liter-Version mit 350 PS, doch dieser Motor war wenig erfolgreich.

198-199 Der Thunderbird des neuen Jahrtausends, für die Nostalgie-clique kreiert, hatte keine erfolgreiche Karriere. Die Zahl von 31 121 gebauten Autos im ersten Produktionsjahr 2002 sank auf 9 220 im Jahr 2005. Die Gesamtanzahl gebauter Autos war niedriger als im schlechtesten Jahr der Vorgängergeneration.

radaufhängung (eine Seltenheit in Amerika in dieser Wagenklasse) sowie einen etwas längeren Radstand einsetzte, doch das nachlassende Interesse an Viertür-Coupés zwang Ford 1997 zum Produktionsstopp. Auf Leinwand und Bildschirm hatte der luxuriöse Thunderbird das Publikum bereits für sich eingenommen. Neben der berühmten Flucht durch den Grand Canyon im Cabrio in „Thelma und Louise" (1991) hatte er tragende Rollen in „La Dolce Vita" (1960), „Die Krähe" (1994) und im Videoclip zu Madonnas „True Blue".

Aber die Karriere des T-Bird, wie er oft genannt wird, ist noch nicht beendet. Im Zuge des neuen Retrotrends, der schon den VW New Beetle und den neuen Mini hervorgebracht hat, versuchte auch Ford 2002 eine Neuauflage seiner Legende.

Zurück zu den Ursprüngen: ein zweisitziger Roadster im Stil der Fünfziger mit einer renommierten Plattform und einem 3,9-Liter-V8. Der Absatz blieb schwach, obwohl das Auto im Bond-Film „Stirb an einem anderen Tag" (2002) zu sehen war. Nach drei Jahren, die die Fans nur noch an eine Vergangenheit erinnerten, die kaum zurückzuholen ist, beschloss Ford 2005, den Thunderbird einzustellen.

Fiat 600 Multipla und Multipla

Genial, aber oft ausgelacht

Italiener mögen keine halben Sachen, auch nicht bei Autos. Immerhin sind sie für kleine Wagen und Superkarossen bekannt, weniger für irgendetwas dazwischen. Der Fiat 600 Multipla von 1956 ist das Repräsentativste, was ein Ingenieur in „Bella Italia" aus einem sehr kompakten Chassis designen kann.

1955 auf der Plattform des 600 gebaut – jenem Wagen, der die Motorisierung Italiens anschob, die der 500 dann vollendete –, konnte der Multipla sechs Personen befördern, obwohl er nur 3,23 Meter lang war, gerade mal fünf Zentimeter länger als ein Mini. Um das zu bewerkstelligen, verlegte Dante Giacosa, der legendäre Fiat-Designer des 500, 126, 127, 128 und des Autobianchi A112, den Fahrer- und den Vordersitz über die Vorderräder, um Raum für zwei hintere Sitzbänke zu gewinnen, was den Einbau der robusteren Federung der Limousine 1100 erforderte.

Das war eine innovative Lösung, aber nicht ideal hinsichtlich Sicherheit und Komfort. Damit sie nicht zu sperrig wurden, waren die Sitze wenig mehr als gepolsterte Stühle, und wer vorne saß, klebte mit dem Kopf praktisch an der Windschutzscheibe, mit Ersatzreifen und Werkzeugtasche zu seinen Füßen. Der Fahrer hatte es unterdessen mit einer fast vertikalen, zwischen Kupplung und Bremse gequetschten Lenksäule zu tun. Prompt veröffentlichte die Zeitschrift „Quattroroute" eine Sitzanleitung für den Multipla.

Der 600 Multipla wurde nahezu durchgängig kritisiert, trotzdem fand er ein Publikum, weil er dem Kult der Nützlichkeit huldigte. Mit seiner vertikalen Front und dem langgestreckten Heck ohne Klappe, sah das Auto so aus, als führe es rückwärts. Straßenlage und Bremsen waren durchschnittlich und die Leistung des 0,63-Liter-Motors mit 21 PS (der 1960 auf 29 PS aufgestockt wurde) sehr mäßig, vor allem bei voller Beladung. Die Rücksitze konnten jedoch zu einer flachen, großen Ladefläche umgeklappt werden, eine unschätzbare Option für alle, die den Wagen zu beruflichen Zwecken nutzten.

Das ulkige Aussehen brachte einige tolle Filmauftritte, so in der Komödie „Buona Sera, Mrs. Campbell" (1968) und eine Verfolgungsjagd in Dino Risis urkomischem Film „Unser Boss ist eine Dame" (1966). Zwischen 1956 und 1965 kauften 243 000 Menschen den Wagen, von den meisten wurde er jedoch belächelt. In Italien fuhren ihn eigentlich meist Taxifahrer (deren grüne und schwarze Multipla in Rom und Mailand einst ein vertrauter Anblick waren), Nonnen und Künstler. Außerhalb Italiens tendierte der Absatz gegen Null.

So blieb das Auto weitgehend unverändert, bis es sich 1998 die Plattform der Kompaktlimousine Brava zunutze machte, allerdings vierzig Zentimeter kürzer blieb. Trotzdem war der Wagen geräumig und verfügte noch immer über sechs, in zwei Dreierreihen angeordnete Sitzplätze.

202 oben und 202-203 Die Abmessungen des 600 Multipla waren mit einer Länge von unter 3 Metern sehr kompakt. Ungeachtet dessen konnte das Auto in drei Sitzreihen sechs Personen befördern und bot, wenn man die Rückbank umklappte, eine Ladefläche von 1,75 Quadratmetern.

202 unten Man wüsste gerne, was Besucher des Turiner Autosalons 1956 dachten, als sie am 24. April erstmals dieses seltsam gestylte Auto ausgestellt sahen. Heute überrascht immer noch, wie viel Platz es im Inneren hatte.

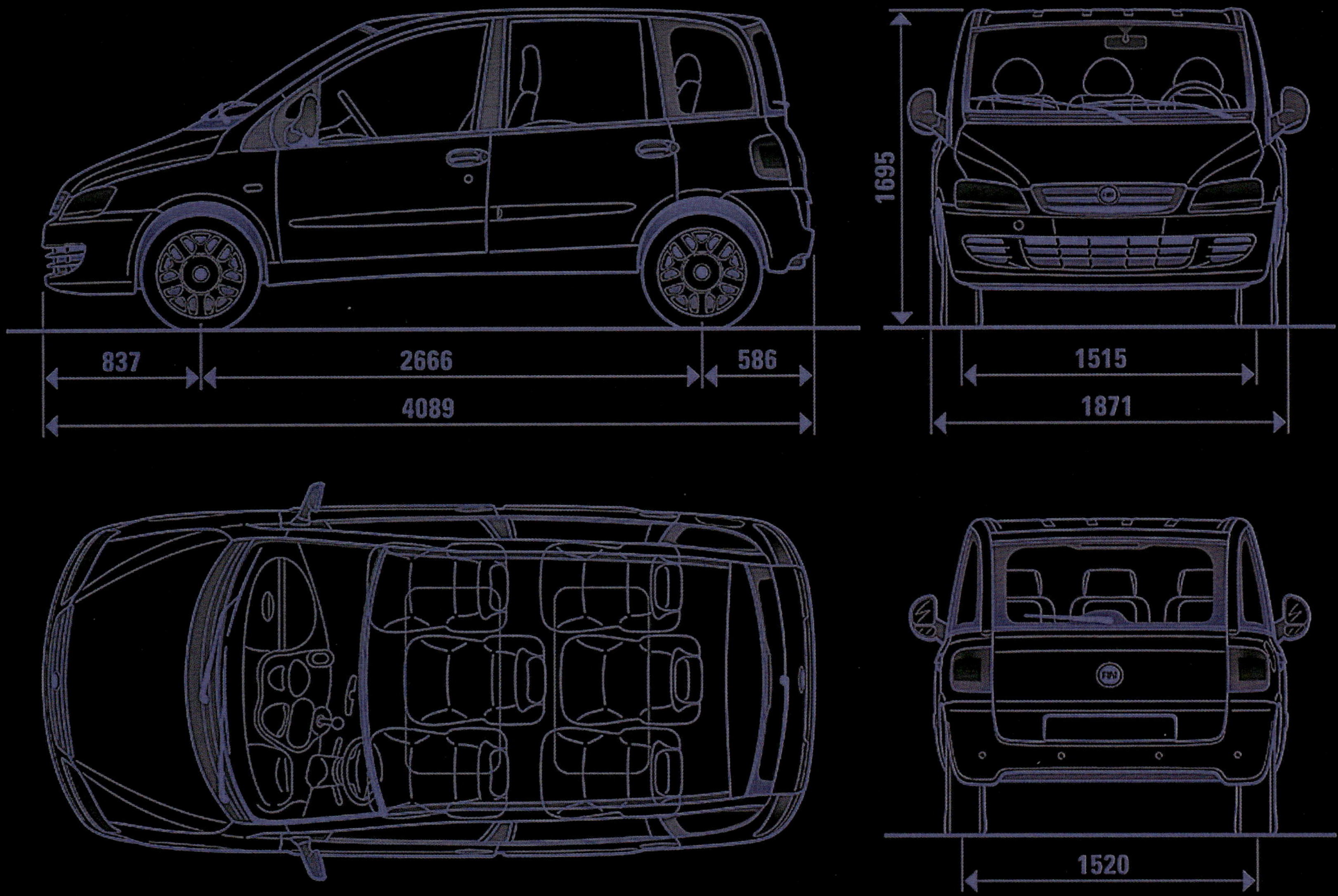

Das durchdachte hässliche Entlein

204 oben Der Multipla von 1988 hatte, obwohl er sich von seinem Vorgänger stark unterschied, die gleiche Philosophie. Seinen Stil bizarr zu nennen wäre untertrieben. Die Proportionen mit sechs Sitzen in zwei Reihen und geringen äußeren Abmessungen – lediglich 4 Meter Länge – waren ungewöhnlich.

204-205 Das originellste Teil des Multipla der Neunziger war sicher der „Donut", unterhalb seiner Windschutzscheibe mit Zusatzscheinwerfern, getrennt von den Hauptscheinwerfern. Man hatte die Idee, diese Innovation auf alle Fiat-Modelle zu übertragen, sollte sie beim Publikum ankommen.

205 Die Fähigkeit, sechs Personen in zwei Dreierreihen zu befördern, verdankte sich der Breite der Karosserie. Leider verfügte der mittig sitzende Frontinsasse nicht über einen eigenen Airbag.

Das Design von Roberto Giolito, der 2007 auch den neuen 500 designte, war sehr speziell. Ins Auge sprangen die vertikalen Seiten, die unverhältnismäßig großen Glasflächen und die „Stufe" an der Unterkante der Windschutzscheibe, in die zwei zusätzliche, Kaulquappen ähnelnde Scheinwerfer eingefügt wurden. Das Interieur war ebenso interessant, vor allem hinsichtlich des ausgefeilten und futuristischen Armaturenbretts.

Bei seinem Debüt waren zwei Motoren erhältlich: ein 1,6-Liter-Benziner und ein 1,9-Liter-Diesel mit guter Leistungsstärke und unterstützt von einer Straßenlage und einem Fahrverhalten, die den besten Minivans dieser Zeit überlegen waren.

Über die Zweckmäßigkeit und Innovation hinaus, war der Multipla auch umweltfreundlich. Eigentlich war er eines der ersten Autos, das mit doppelter Kraftstoffversorgung – Benzin/LPG-Gas oder Benzin/Methanol – verkauft wurde, zum Teil infolge der ungewöhnlichen Bauweise der Plattform, die eine Art doppelten Boden unter der Fahrerseite erzeugte, was ermöglichte, die Tanks mit wenigen Veränderung oder Auswirkung auf Fahrgast- oder Laderaum dort zu positionieren.

Der Multipla wurde auch auf eine mögliche Hybrid-Version, einem Verbrennungs- und einem Elektromotor hin designt. In Zusammenarbeit mit der Stadt Neapel wurden 2000 tatsächlich einige Prototypen gebaut, allerdings nicht weiterverfolgt. Kritik ergoss sich über das neue Design, das Time Magazine etwa setzte den Multipla auf seine Liste der fünfzig hässlichsten Autos aller Zeiten. Der Turiner Autobauer konterte frech mit dem Slogan: „Du bist schön". So oder so, der Wagen wurde 1999 im New Yorker Museum of Modern Art ausgestellt und war im Sciencefictionfilm „Children of Men" (2006) zu sehen, der im postapokalyptischen Jahr 2027 spielt. Obwohl er weit entfernt vom klassischen Schönheitsideal war, hatte er doch anders als sein Vorgänger Erfolg, sodass die Nachfrage die Erwartungen von Fiat übertraf. Fans kauften ihn wegen seiner Skurrilität, während sich andere die Augen zuhielten, bevor sie einstiegen, auch wenn sie seine Genialität und Vielseitigkeit anerkennen mussten. Dies zeigte sich 2009, als die italienische Steuerpolizei einen Multipla mit 1700 illegalen exotischen Tieren anhielt.

Nach Absolvierer des Euro NCAP-Crashtests erhielt der Multipla 2001 eine unbefriedigende Einstufung beim Aufprallschutz von Insassen wie Fußgängern im Falle eines Unfalls. Das machte eine Umgestaltung erforderlich, die letztlich eine „Normalisierung" des Designs bedeutete, was nun auch jene anzog, die den Multipla zuvor abgelehnt hatten

Die Umgestaltung 2004 sah eine herkömmlichere Front vor, die an die anderer Fiat-Modelle erinnerte. So wurde eines seiner typischsten Merkmale, die „Kaulquappen"-Scheinwerfer, verworfen. Außerdem wurde die Gesamtlänge um fast zehn Zentimeter erhöht, was den kompakten Eindruck, der die ersten Baureihen charakterisiert hatte, abschwächte. All diese Veränderungen führten dazu, dass der Multipla formeller wurde. Der Absatz sank, die Karriere des Wagens war beendet. Italiener lieben seit jeher die Übertreibung, manchmal sogar auch dann, wenn sie der allgemeinen Auffassung von Schönheit und Norm zuwiderläuft.

206 oben Löste die eckige Form der Karosserie auch viele ästhetische Bedenken aus, bot sie zugleich eine Menge Platz für Gepäck. Klappte man die Rücksitze um, stieg die Ladekapazität auf über 137 Kubikmeter.

206-207 Die Entscheidung, 2004 die unter der Windschutzscheibe montierten Scheinwerfer wieder am herkömmlichen Ort in der Front zu platzieren, machte das Auto weniger einzigartig. Vielleicht dachte die Marketingabteilung, eine weniger originelle Front würde den Absatz erhöhen. Man irrte.

207 oben Die letzten kosmetischen Änderungen führten zu einer Verlängerung der Karosserie um 10 cm, was die berühmte Kompaktheit des Wagens aufs Spiel setzte. 2010 verschwand auch der Benzinmotor, und der Multipla ist jetzt in Methan- und Diesel-Version erhältlich.

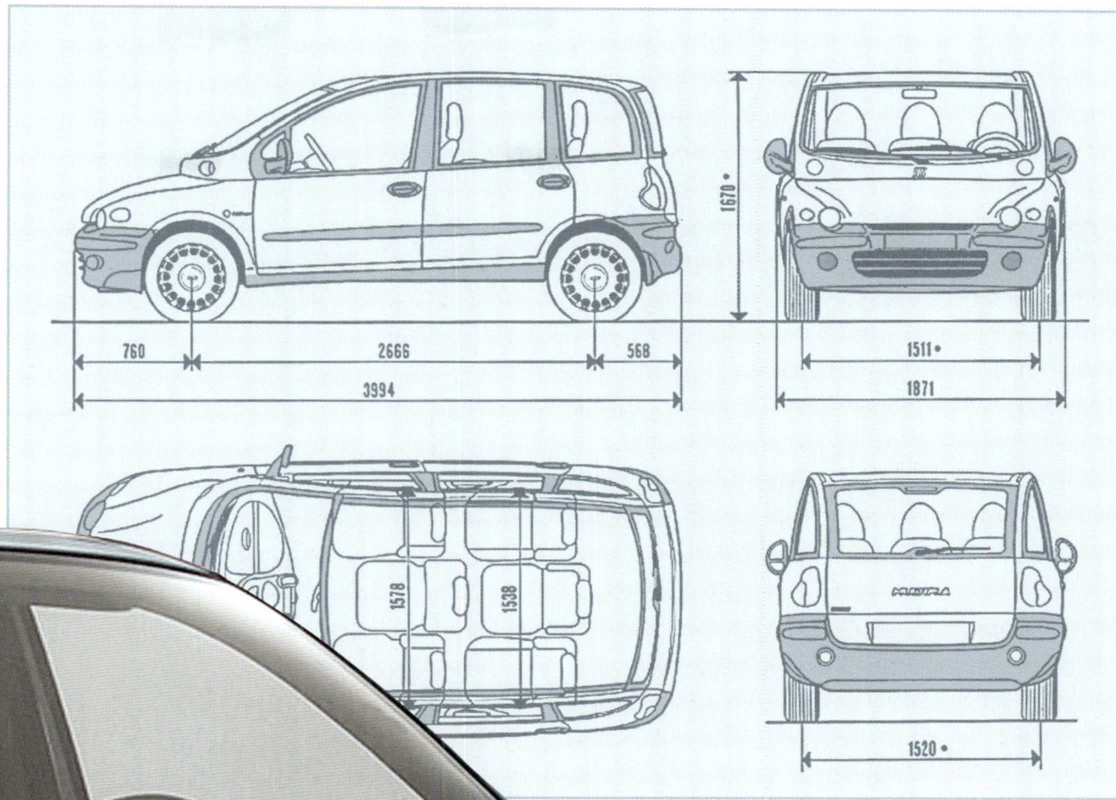

Ferrari California

pininfarina

Das Traumauto des Jetsets

Der 250 California, seit Ende der Fünfzigerjahre gebaut, war der Ferrari, der mehr als andere Autos Geist und Seele des Fahrspaßes in einem einzigen Wagen vereinte, kurz: einer der bestechendsten Roadster der Welt, ein Statussymbol, das für Streckenrennen, entspannte Rundfahrten oder zum Parken vor dem Casino von Monte Carlo gleichermaßen taugte. Ein Wohlstandssymbol für jene, die über die Mittel verfügten, und für die Übrigen das Traumauto schlechthin.
Brigitte Bardot und ihr Ex-Mann, der Regisseur Roger Vadim, besaßen zwei, und Françoise Sagan, Autorin von „Bonjour Tristesse", raste darin herum, als wolle sie sich die Poleposition sichern. Der schwarze California von Schauspieler James Coburn, Star in „Die glorreichen Sieben", „Gesprengte Ketten" und „Pat Garrett jagt Billy the Kid", wurde 2008 für fünf Millionen Euro versteigert. Kurz: Der Ferrari California hatte es nicht nötig, in vielen Filmen aufzutreten, da er selbst ein Stück Hollywood war.
Der 250 GT Spyder California – offizieller Name von 1957 – trug dazu bei, die Geschichte von Maranello zu schreiben: Als der deutsche Ferrari-Fahrer Wolfgang von Trips 1961 in Monza umkam, wählten seine Eltern einen California für die letzte Reise des Sarges.
Das Modell nahm Formen an, als die amerikanischen Ferrari-Importeure Luigi Chinetti und John von Neumann den Vorschlag für einen Roadster auf der Basis des legendären 250 GT Coupé von 1954 nach Maranello schickten. Pininfarina selbst übernahm das Design, während Scaglietti an der Konstruktion der Karosserie arbeitete – ein Traumgespann.
Die erste Version, LWB oder „Long Wheelbase" genannt, wurde nur 45 Mal gebaut.

210-211 Modelle mit langem und kurzem Radstand voneinander zu unterscheiden ist nicht leicht. Neben dem Abstand zwischen Vorder- und Hinterrädern besteht ein eindeutiger Unterschied in der Lufteinlassöffnung an der Haube. Bei langem Radstand ragt sie hervor, bei kurzem Radstand ist sie in die Karosserie integriert wie bei diesem Wagen, der außerdem ein abnehmbares Hardtop hat.

Er hatte perfekt verkleidete Scheinwerfer, einen Stahlrohrrahmen und Haube, Türen und Kofferraumdeckel aus Aluminium. Der Motor, der Gleiche wie der des 250 Tour de France, war ein 3-Liter-V12 mit 243 PS, der selbst gute Ergebnisse erzielte, als er 1959 Fünfter beim 24-Stunden-Rennen von Le Mans wurde. Leistung stand ganz oben auf der Liste, Eleganz und Komfort galten als unwichtig. Das einzig „schicke" Accessoire war eine Heizung.

1960 kam der SWB „Short Wheelbase" mit 240 statt 260 Zentimetern Radstand, von dem in den folgenden drei Jahren 55 Stück gebaut wurden. Der Abstand zwischen Vorder- und Hinterrädern wurde verkürzt, vier Scheibenbremsen, ein Novum bei Ferrari, und eine Erhöhung um 40 auf 283 PS steigerten das Fahrvergnügen. Die Türgriffe indessen waren versenkt, die seitliche Entlüftung bestand aus drei statt vier Schlitzen, und die letzten Modelle hatten eine breitere Spur.

212-213 Einige 1958 produzierte Wagen hatten Scheinwerfer ohne transparente Gehäuse. Die Entscheidung, mehr oder weniger große Zusatzscheinwerfer im Kühlergrill zu verwenden, hing dagegen allein vom Kundenwunsch ab.

Das kultivierte „Rennpferd“

214-215 Der neue California enthält viele Stilelemente seines Vorgängers wie die seitlichen Luftschlitze, die Lufteinlassöffnung an der Haube und die Form der Scheinwerfer, die aber einen modernen Touch bekamen. Die Dachverkleidung aus Metall scheint ein Widerspruch zur Tradition zu sein, ist jedoch definitiv praktisch.

2008 kehrte der Name California in einem ungewöhnlichen Ferrari zurück, der einen sauberen Schnitt zur Vergangenheit markiert – dank einiger Neuerungen: Achtzylinder-Frontmotor, Doppelkupplungsgetriebe für Hand- und Automatikschaltung, ein versenkbares Dach (das sogar leichter ist als ein gewöhnliches Stoffdach), Multilink-Hinterachse und Direkteinspritzung. Der Motor hat 4,3 Liter Hubraum und 466 PS, Chassis und Karosserie sind komplett aus Aluminium; aerodynamisch optimiert hat er mit 0,32 CW den bei einem Ferrari niedrigsten Luftwiderstandswert.

Anders als sein Vorgänger, ist der aktuelle California nicht mehr eines der exklusivsten Modelle aus Maranello, sondern das preiswerteste, das auch aus diesem Grund die Produktion um fünfzig Prozent steigerte. Machten seine Vorfahren keinerlei Zugeständnisse an Komfort, ist das heutige Modell das Außergewöhnlichste in der Ferrari-Palette, das sich mehr als alle anderen für breite Käuferschichten eignet und – wie das Unternehmen bekennt – vor allem auch Frauen stärker anspricht.

Für viele ist er gar kein „echter" Ferrari. So musste das Projekt unter dem Namen Maserati Form annehmen. Der Fiat-Konzern entschied sich nur für das namhaftere „Ferrari-Rennpferd", als sich die Kosten für die Marke aus Modena als zu hoch erwiesen.

Aston Martin DB5 und DB9

Das Wesen Englands

Warum beginnt dieses Kapitel mit dem DB5? Weil er dank seiner Hauptrolle 1964 in „Goldfinger" der berühmteste Aston Martin aller Zeiten ist. In Wahrheit machte der DB5 bei seinem Debüt 1963 keineswegs Furore, da die Fans ihn als eine logische Weiterentwicklung des DB4 ansahen, dessen elegantes, aber auch aggressives Design die Welt auf dem Pariser Autosalon in der Tat überwältigt hatte. Um so elegant zu werden, bekam der DB4 Unterstützung von Leuten, die Ahnung von guten Autos hatten. Seine Aluminiumhaut war vom italienisch beeinflussten Karosseriebauer Touring gefertigt, der auch den Rahmen aus dünnen verschweißten Rohren entwickelte. Diese beiden Merkmale blieben beim DB5 unverändert.

Die „4" und die „5" im Namen der Wagen diente dazu, sie als das vierte und fünfte Aston-Martin-Modell der DB-Ära kenntlich zu machen. Seit 1950 standen die Buchstaben auf sämtlichen Produkten der Firma. Es handelte sich dabei um die Initialen von David Brown, einem Industriellen aus Yorkshire, der Aston Martin 1947 auf eine anonyme Anzeige in der Times hin erworben hatte.

Unter der Haube des DB4 arbeitete ein geräuschloser 3,7-Liter-Sechszylinder aus dem neuen Werk in Newport Pagnell. Dieser Motor wurde später auf 3,995 Liter und 287 PS vergrößert, eine Veränderung, die sich als einzige Neuerung des DB5 erwies, der, obwohl er im Grunde identisch mit dem DB4 war, zum berühmtesten Aston Martin aller Zeiten wurde – dank seiner Hauptrolle im James-Bond-Film „Goldfinger". Dieser Auftritt machte ihn zu einem der begehrtesten Autos seiner Zeit.

Ein junger Sean Connery fuhr als „007" einen Silver Birch DB5 mit dem Kennzeichen BMT 216 . Der für die Aufnahmen benutzte Wagen war jedoch ein modifizierter DB4 mit Sonderausstattung, zu der eine kugelsichere Heckscheibe, ein drehbares Nummernschild, das Zahlen veränderte, und ein Radar-verfolgungssystem gehörten. Nach den Dreharbeiten blieb der Wagen im Besitz von Aston Martin und kehrte nach einer weltweiten Werbetour 1968 ins Werk zurück, wo man seine „Gimmicks" entfernte und ihn in den regulären Verkauf gab. Ein Privatsammler identifizierte ihn rasch, erwarb ihn und versetzte ihn wieder in seinen vorherigen Zustand. 1997 wurde das Auto allerdings gestohlen und ist seither spurlos verschwunden

Der echte DB5, allerdings in seiner Standardausstattung, hatte nur eine Nebenrolle in „Goldfinger", sollte aber bald selbst als 007s Begleiter bei vielen Abenteuern seinen Auftritt im Rampenlicht bekommen: in „Thunderball" (1965), „Goldeneye" (1995), „Der Morgen stirbt nie" (1997), „Casino Royale"

218 oben Sean Connery, der populärste 007, auf dem Set von „Goldfinger" mit dem Aston Martin DB5, der eigentlich ein getarnter DB4 ist, zu erkennen an den verdeckten Scheinwerfern.

218 Mitte Zu den Gags des ersten Aston Martin für Bond waren hinter den Rücklichtern versteckte Rohre, die Öl und Nägel gegen Verfolger verteilten. An den Rädern waren ausfahrbare Stachel angebracht, um die Reifen anderer Autos aufzuschlitzen.

218-219 Als der DB5 1963 auf den Markt kam, versetzte er die Fans nicht in Aufruhr, weil er die logische Weiterentwicklung des DB4 war, der die Fans 1958 beim Pariser Autosalon sehr wohl begeistert hatte.

(2006) und beinahe auch in „Die Welt ist nicht genug" (1999) – die Szenen mit ihm landeten allerdings leider auf dem Boden des Schneideraums. Neben seiner engen Beziehung zu Bond trat der DB5 auch in „Catch Me if You Can" (2002) und „Drei Engel für Charlie: Volle Power" (2003) auf.

Dank der Bond-Filme konnten die Montagebänder in der zweiten Hälfte der Sechziger die Nachfrage kaum befriedigen. Obwohl nur zwei Jahre in Produktion, wurden 1059 DB5 verkauft. Eine stattliche Zahl im Vergleich zu den Gesamtverkäufen des DB4 (1107 Stück) und des DB6, Nachfolger des DB5 und der letzte Aston Martin mit einem Sechszylindermotor, der es auf 1462 verkaufte Exemplare brachte. Beide Modelle hatten eine fast doppelt so lange Produktionslaufzeit wie der DB5.

220 oben Hegg Ian, Sohn des Vizedirektors der Firma, prüft am 20. Dezember 1966 in der Iranischen Botschaft in London eine Tretauto-Version des 007 DB5. Sie war für den iranischen Kronprinzen Reza Pahlavi bestimmt, ein Geschenk des Eigners von Aston Martin, Sir David Brown (1904-1993, Mitte).

220-221 Unter der Haube des Autos arbeitete ein 4-Liter-6-Zylinder mit 290 PS, was für die Zeit eine beachtliche Leistung war. Aston Martin blieb dieser Konfiguration bis 1970 treu, als es den ersten V8 einführte.

Der Muskelprotz

Der dem Geist und Stil nach wahre Erbe des DB5 hatte vierzig Jahre später auf der Frankfurter IAA seinen Auftritt und wurde DB9 getauft.
Nun muss ein kleiner Abstecher erfolgen, da Aston Martins erster Rückkehrversuch zur Größe des DB4 und des DB5 eigentlich auf das Jahr 2001 zurückgeht, als der Vanquish vorgestellt wurde. Dieses wunderbare, von Ian Callum designte Coupé legte die stilistischen Kriterien für die nachfolgenden Modelle fest und bekam erstmals einen leistungsstarken 6-Liter-Zwölfzylinder, der zum Motor von Aston Martins Wiedergeburt wurde. Kritisiert wurde allerdings sein Automatikgetriebe, das seiner Leistungsentwicklung nicht angepasst worden war. Ungeachtet dessen schätzte man ihn auf der Stelle wegen seines Luxus und seiner Exklusivität, und viele Prominente erwarben ihn, weil sie in ihm eine Alternative zum Ferrari 575 Maranello sahen.

222-223 Der Vanquish – wenige Autos hatten einen so herausfordernden Namen. Offizielles Debüt war 2001 in Genf, ein Jahr später wurde er Bond-Auto im Film „Stirb an einem anderen Tag". Der darin benutzte Wagen hatte einen V8 von Ford und Allradantrieb.

224-225 Der Vanquish führte ein Stilkonzept ein, dem man treu blieb, nicht nur beim neuen Flaggschiff DB9, sondern auch beim V8 Vantage und anderen „kleinen" Modellen. Das rettete Aston Martin nach Jahren der Krise, welche die Firma an den Rand der Schließung getrieben hatten.

Der handgefertigte Vanquish wurde in kleiner Stückzahl im alten Newport Pagnell-Werk produziert, das seine Tore schloss, nachdem 2007 der letzte Vanquish vom Band gerollt war.
Die Produktion des DB9 seinerseits lief 2004 an, und 2005 gab die Cabrio-Version mit dem Namen Volante ihr Debüt.
Gegenüber dem DB5 war der neue Wagen eine Bestie. Die Zylinder hatten sich auf zwölf verdoppelt, er leistete 456 PS. Der DB9 war der Erste aus dem neuen Werk in Gaydon und der Erste, bei dem ein einstellbarer genieteter und verklebter Aluminiumrahmen verwendet wurde. Diese Innovation kam von Ford, dem Aston Martin von 1994 bis 2007 gehörte, um eine Basis für verschiedene Modelle zu formen und die Karosserie von tragenden Aufgaben zu befreien, was radikale stilistische Änderungen bei minimaler Investition zuließ.
Trotz seiner Schönheit machte der DB9 nur wenige Ausflüge ins Filmfach, am relevantesten sind jene in „The Fantastic 4" (2005) und der TV-Serie „Desperate Housewives".
Wird der DB9 auch nicht als „Filmstar" im Gedächtnis bleiben, so doch für seine sportliche Bilanz. Er ermöglichte Aston Martin nach Jahrzehnten im Abseits die Rückkehr in die höchsten Rennklassen. Die im November 2004 vorgestellte Rennversion DB9R gewann bei ihrem Debüt in ihrer Klasse beim 12-Stunden-Rennen von Sebring, in Silverstone und 2007 sogar in Le Mans. Während sich der DB9R auf der Erfolgsspur befand, wurde 2007 die neueste Straßenversion des DBS präsentiert. Er behielt „Skelett", Seitenscheiben, Dach und technische Basis,

die Leistung wurde dagegen auf 517 PS erhöht, der Look agressiver. Auch der DBS setzte sich rasch als Bond-Auto durch. Sein Auftritt in „Casino Royale" (2006) erfolgte vor der Markteinführung und heizte die Gerüchteküche an. Darüber hinaus sickerten Bilder durch, was der Spielzeugfirma Corgi ermöglichte, im Januar 2006 auf der English Toy Fair ein originalgetreues Modell zu zeigen. Dank Internet gelangten diese Vorabbilder des DBS in jeden Winkel der Erde, bevor Aston Martin irgendwelche offiziellen Werbeaufnahmen veröffentlichen konnte.

Am Filmset wurde ein DSB in einem spektakulären Unfall drehbuchreif zerstört. Seine Überreste sind nun in Gaydon in einem Flur ausgestellt, wo auch noch weitere von James Bond benutzte Spezial-Aston Martins stehen, darunter der DBS aus der 22. Bond-Folge „Ein Quantum Trost" (2008). Einmal mehr hatte man ein Auto bei Dreharbeiten verloren, diesmal allerdings aus Versehen: Ein Stuntfahrer kam, als er mit hoher Geschwindigkeit am Gardasee entlangraste, von der schmalen Uferstraße ab und landete im Wasser.

226-227 Der DB9 ähnelt dem Vanquish sehr, aber die Ähnlichkeiten sind nur oberflächlich. So ist die Plattform aus Aluminium und wie in der Luftfahrttechnik verklebt und vernietet. Das garantiert 25 Prozent weniger Gewicht, aber eine doppelt so hohe Steifigkeit wie vorher, was das Fahrverhalten verbessert.

BMC Mini und BMW MINI

S
AUSTIN COOPER

230-231 *Schwarzes Dach, hellrot lackiert, mit dem Schriftzug Cooper S auf der Haube: Die „zivile“ Version der Stars der Rallye Monte Carlo Mitte der Sechziger unterschied sich nicht stark vom Serien-Mini.*

231 oben *In den ersten Skizzen für den Mini sieht man den neben dem Motor hinter dem rechten Vorderrad montierten Kühler. Diese unübliche Position reduziert die Frontlänge und rückt den Motor nach vorn, um den Platz im Wageninneren zu erhöhen.*

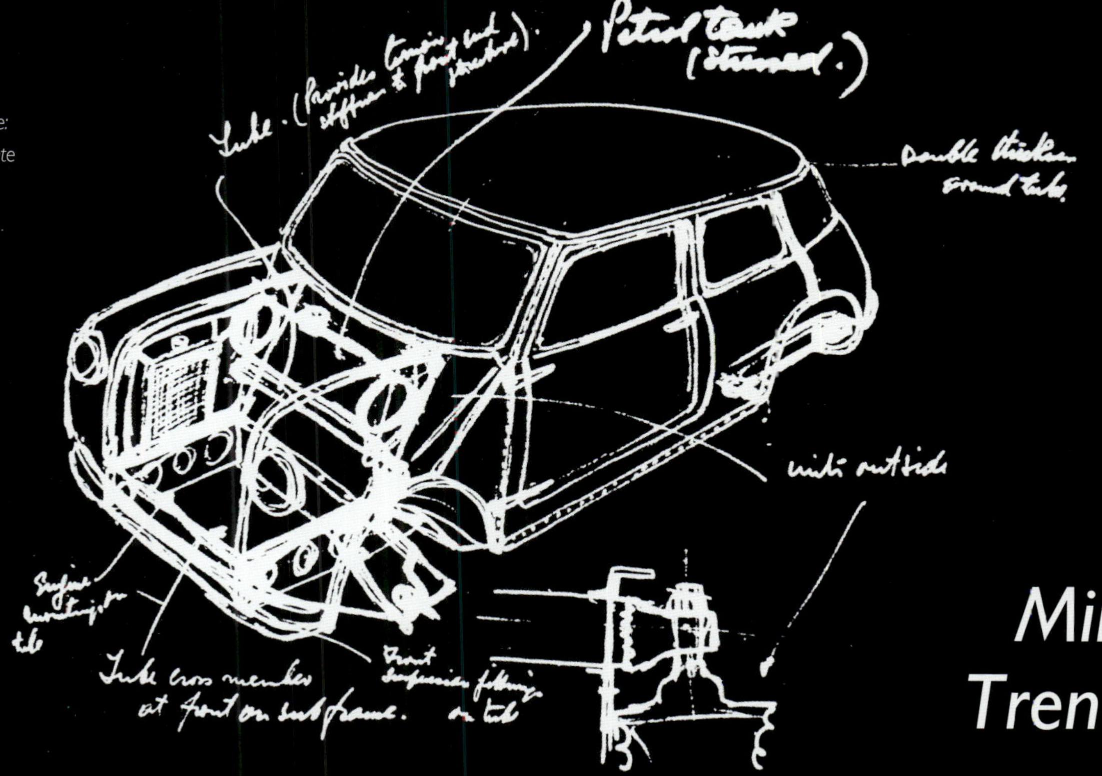

Mini-Trends

Nichts veranschaulicht die Wendung „aus der Not eine Tugend machen“ besser als der Mini. Die Suez-Krise 1956 hatte den Spritpreis in die Höhe schnellen lassen und die Nachfrage nach Autos erzeugt, die weniger Benzin fraßen. Also bat die British Motor Company BMC, zu der die Marken Austin, Morris, Riley und Wolseley gehörten, den Ingenieur Alec Issigonis, ein kleines Auto zu entwerfen, das erschwinglich in der Anschaffung und vor allem im Unterhalt war.

Für Issigonis war dies die lang erwartete Gelegenheit, seine revolutionären Ideen in die Praxis umzusetzen. Die einzige Auflage, die er bekam, war, einen bereits existierenden Motor zu verwenden. Das führte zur Geburt eines Autos mit Frontmotor und Vorderradantrieb, eine revolutionäre Kombination. Sie ermöglichte eine kurze kompakte Karosserie – sie war etwas länger als drei Meter – mit ausreichend Platz für Insassen und Gepäck. Selbst die Aufhängung in elastischen Gummielementen statt der klassischen weicheren Variante war innovativ.

Die Montage der Karosserie bediente sich ebenfalls sparsamer Methoden, die dem Mini zu einem spezifischen Aussehen verhalfen, das so originell war wie sein Name. Die Legende will, dass er sich der Frau eines Ingenieurs verdankt, die, als sie ihn zum ersten Mal sah, rief: „Der ist ja mini!“

Im Sinne der Erschwinglichkeit, die nur das Nötigste vorsah, war die Innenausstattung allenfalls spartanisch. Die Instrumentierung bestand einzig aus dem Tachometer in der Mitte des Armaturenbretts und Heizung gab es gegen Aufpreis.

Am 26. August 1959 debütierte der Wagen als Morris Mini Minor und Austin Seven, wobei sich die beiden in nur wenigen Punkten unterschieden. Der Absatz verlief zunächst träge, obwohl der Preis von 496 Pfund einer der niedrigsten in Großbritannien war. Doch bald wurde die Londoner „High Society“ auf das kleine Auto aufmerksam, sogar die Queen wollte es testen, wenn auch nur als Beifahrerin von Issigonis.

Der berühmte englische Schauspieler Peter Sellers war so verliebt in das Auto, dass er ein Modell mit individuellem Interieur und Look wollte, Korbgeflechtmuster ähnlich. Er war nicht allein, „Mini-Maniacs“ in den Sechzigern waren auch die Beatles, Brigitte Bardot, Lord Snowdon (der Mann von Prinzessin Margaret), Twiggy (Model und Symbol des „Swinging London“) und Clint Eastwood.

Derweil hatte John Cooper, ein Rennwagenhersteller und Freund von Issigonis, das Potenzial des Autos erkannt und es geschafft, BMC zu einer auf tausend Stück limitierten Serie mit 0,84- bis 0,99-Liter-Motor und 34 bzw. 55 PS zu überreden. Dieses Modell hatte vorn Scheiben- statt Trommelbremsen. Der 1961 eingeführte Cooper war ein Erfolg und führte zum Cooper S mit einem 1,071-Liter-Motor und 70 PS. Ab 1960 nahm der Mini an Rennen teil, 1963 gewann Rauno Aaltonen in seiner Klasse die Rallye Monte Carlo. Im Folgejahr triumphierte dort Paddy Hopkirk in seinem roten Cooper, und landete weit vor viel leistungsstärkeren Wagen an der Tabellenspitze. Das Kunststück wurde 1966 und 1967 wiederholt. Wegen dieser Triumphe trat sogar Niki Lauda in einem Mini an.

Das kleine britische Auto eroberte auch das Kino, als hundertfacher Star oder Nebendarsteller. Seine berühmtesten Auftritte hatte es in „Charlie staubt Millionen ab" (1969) und „The Bourne Identity" (2002), wo ein klappriges Modell der ersten Generation Hauptakteur in einer spektakulären Verfolgungsjagd ist. Das TV-Publikum erinnert sich an den Mini auch als Gefährt von Mr Bean.

Der Mini spielte in drei Bond-Filmen mit („Man lebt nur zweimal", „Der Spion, der mich liebte" und „Moonraker"), wo der Moke, das vermutlich ungewöhnlichste Modell der Mini-Familie, auftrat. Dieses 1964 kreierte leichte und rundum offene Modell war fürs Militär bestimmt, vor allem für den Transport in Helikoptern und Gleitschirmen. Wegen seiner kleinen Räder und geringen Bodenfreiheit kam es jedoch nie zum Einsatz und hatte mit 50 000 gebauten Exemplaren mehr Erfolg auf dem zivilen Markt.

1965 bis 1974 wurde der Mini in Italien von Innocenti gebaut und war auch in Amerika recht erfolgreich, wo er bis 1967 verkauft wurde, als er infolge neuer Sicherheitsnormen abgezogen wurde. Das führt zum „Mini-re-VIN-Phänomen": Die Seriennummer jedes Autos – die Vehicle Identification Number – war auf eine Metallplakette gedruckt. Wurde nun ein Mini stillgelegt oder entsorgt, entfernte man die Plakette und brachte sie auf einem zweiten, im Ausland gekauften Wagen an. Statt den alten Mini zu reparieren, der von den neuen Richtlinien ausgenommen war, ersetzte man alle benötigten Teile, um den neuen Wagen legal fahren zu können.

Zum ersten Mini gesellte sich 1960 ein Kombi, dessen Version mit äußerer Holzbeplankung höchst bemerkenswert war; unter den Markennamen Riley und Wolseley kamen 1961 zwei fragwürdige Modelle mit Heckflügeln – oder „Flossen" – auf den Markt; 1969 dann der Clubman mit einer relativ wuchtigen Front, die den Wagen um fast elf Zentimeter verlängerte. Der Erfolg riss nicht ab, und 1972 wurde der 3 000 000. Mini gebaut.

Trotzdem kam in den Achtzigerjahren die Krise, als peu à peu alle Sonderversionen ausliefen und einzig der Mini Classic übrig blieb, der mit einem 0,998-Liter-Motor und 40 PS am originalgetreusten war. Dennoch fiel 1990 die Entscheidung, den Cooper wieder einzuführen, allerdings in einer „zahmeren" Version als das Original, und im Jahr darauf stellte das Unternehmen ein Cabrio seltsamer Herkunft vor: Das Auto begann als modifizierte, von einem deutschen Händler handgefertigte Version. Weil es so gut gearbeitet war, kaufte die Zentrale indes die Rechte und baute von 1991 bis 1996 rund tausend Exemplare.

232 oben Im Film „Charlie staubt Millionen ab" benutzt eine britische Gang drei Minis, um in Turin Gold zu klauen, wofür sie die legendäre Agilität des Wagens voll ausnützte.

232 unten Im Film „Drei Männer und eine kleine Lady" (1990) werden Tom Selleck und Steve Gutenberg mit einem Mini von einer Schafherde eingeschlossen. Das Auto spielt in ihm allerdings keine Hauptrolle.

233 Eine Menschenmenge verfolgt einen von vielen Versuchen, mit dem Mini ins Guinness-Buch der Rekorde zu kommen, in diesem Fall mit der größten Anzahl Frauen darin.

AIR CANADA
KLM
LGH 793D

Übertriebene Ambitionen

234 und 234-235 Amatino Bruno, Designer des MINI-Interieurs (oben und unten links), und Gert Hildebrand, Designchef des MINI (unten rechts), betrachten das Interieur der dritten MINI-Generation von 2006. Es gab wenige stilistische Optimierungen, dafür viele Änderungen unter der Haube. Der 2006 vorgestellte GP MINI Kit war die außergewöhnlichste Version, seit BMW das britische Auto wiederbelebte. Der Motor wurde auf 220 PS vergrößert, und der Wagen war dank ausgebauter Rücksitze 40 Kilo leichter.

235 unten Marcus Syring, Leiter Exterior Design, arbeitete auch am MINI von 2006. Man veränderte die Motoren, vor allem aber wurde die Front gemäß der Sicherheitsnormen für Fußgänger bei Unfällen verlängert. Auch die Blinker waren nicht mehr in die Haube integriert und blieben an Ort und Stelle, wenn sie geöffnet war.

GP 0782
MINI

236 oben Das Cabrio der BMW-Ära von 2004 behielt die alten Motoren und die Karosserie bis zur neuen Version von 2009, die man am Fehlen sichtbarer Verdeckscharniere erkannte. Das Auto erhielt ein zusätzliches Instrument, das anzeigt, wie lange es mit offenem Verdeck gefahren wurde.

236-237 Anders als die Version von 2004 hat das neue Cabrio einen nicht fixierten Überrollbügel, der sich nur im Bedarfsfall zeigt. Beim Überschlagen tritt er in Sekundenbruchteilen aus dem Heck hervor. Das Verdeck öffnet sich elektronisch in 15 Sekunden.

237 oben Das MINI Cabrio ist auch in einer sportlicheren Version erhältlich, dem John Cooper Works. Er hat einen 1,6-Liter-Turbomotor mit 211 PS und eine Beschleunigung von 0 auf 100 in nur 6,9 Sekunden.

238-239 Das Interieur des BMW MINI enthielt viele Elemente des ersten Mini wie den im Zentrum des Armaturenbretts statt hinter dem Lenkrad montierten Tachometer, grafische Instrumente, Kippschalter und runde Belüftungsschlitze.

Nach 5,3 Millionen Fahrzeugen wurde 2000 die Produktion schließlich eingestellt, um einem neuen Modell Platz zu machen. Der Samen für diese neue Version war schon 1994 gesät worden, als BMW die Marke erwarb. Von da an wurde MINI in Versalien geschrieben. 1997 präsentierte BMW auf der IAA in Frankfurt den Prototyp ACV 30, der zur im Jahr 2000 veröffentlichten Endversion führte.

Verglichen mit dem Mini von Alec Issigonis hatte dieses Auto eine völlig neue Technik, einen größeren Motor (1,4 bis 1,6 Liter), Luxuszubehör, einen höheren Preis und großzügigere Abmessungen. Aber sein inneres und äußeres Design ließ ihn sofort als Nachfahren der Ursprungsidee erkennen. Wenn auch in deutschem Besitz und mit außerhalb Europas gebauten Motoren, sein britischer Geist hatte überlebt. Die Benzinmotoren stammten durch ein Jointventure zwischen BMW und Chrysler aus Brasilien, die Dieselmotoren dagegen von Toyota.

Nicht lange nach der Wiedergeburt folgten 2002 der Cooper S, 2005 eine Cabrio-Version und 2007 ein Kombi namens Clubman, obgleich der alte Clubman eine Limousine gewesen war. Mit einer moderaten Umgestaltung 2006 beschloss das Unternehmen, die in Bezug auf Verbrauch und Leistung nicht sonderlich erwähnenswerten Motoren zu erneuern. Diese wurden in Zusammenarbeit mit Peugeot und Citroën gebaut und waren deutlich leistungsstärker. 2008 wurde eine kleine Flotte von 450 Stück für den kalifornischen Elektroauto-Markt gebaut, während 2010 eine SUV-Version herauskam – der Countryman, der auch mit Allradantrieb angeboten wurde.

Als Nachfolger einer Legende wurde der MINI von BMW schnell zu einer trendigen Ikone, der rasch TV-Serien wie „NCIS", „Alarm für Cobra 11" und „Commissione Cordier" eroberte und Kinofilme wie „Austin Powers in Goldständer" (2001) und „Jagd auf Millionen" (2003). Wie man so schön sagt: Ein Star war geboren.

16:36
+21.0°C
MINI
km/h

PASSENGER
AIR BAG OFF
140
180
220
240
260
6:36
25.11.08

240 oben Wie die Kombi-Version der Sechziger hat der Clubman kurioserweise eine zweigeteilte Hecktür, was zwei kleine Scheibenwischer erforderlich macht. Das beeinträchtigt die Sicht, aber solche Details machen das Auto einzigartig.

240-241 Das Türöffnungssystem ist eine weitere Kuriosität des Clubman. Auf der linken Seite gibt es nur eine Vordertür, auf der rechten dagegen noch eine kleine, hinten angeschlagene hintere Tür für den Einstieg der Heckpassagiere.

241 oben Mit Ankunft von BMW erhielt der Mini erstmals in seiner Geschichte einen Dieselmotor. Anfangs war es ein 1,4-Liter von Toyota, heute hingegen nutzt das Auto einen 1,6-Liter-Dieselmotor von Peugeot, der dem kleinen Kombi bei voller Beladung genügend Leistung liefert.

Jaguar Mark II und S-Type

Schnell und aggressiv wie eine Katze

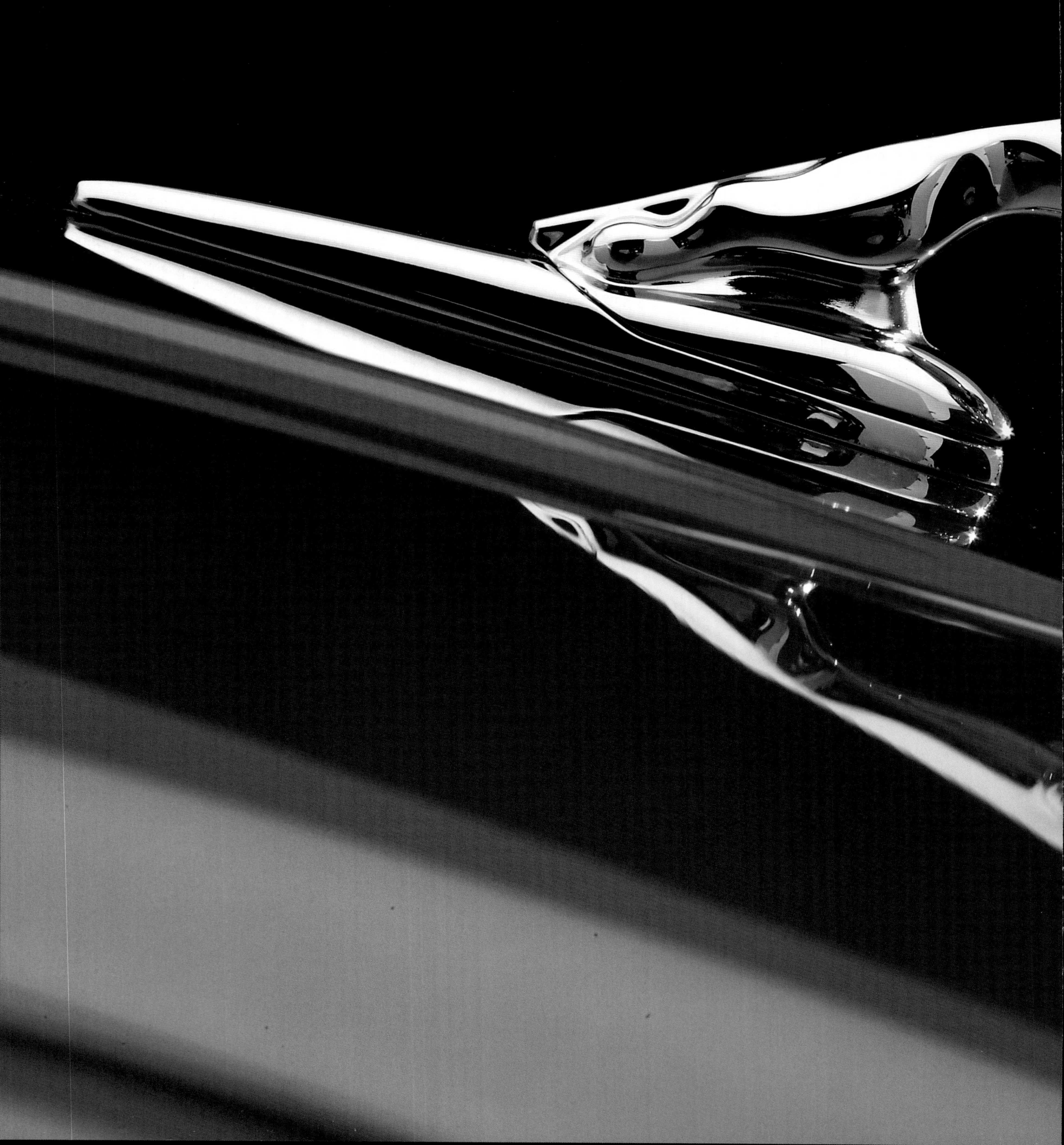

„Anmut, Geräumigkeit, Tempo" ist seit jeher das Credo von Jaguar, nicht nur für seine weltberühmten Sportwagen und Coupés, sondern auch für die Limousinen.

Mit dem Mark I begann die Firma aus Coventry das Marktsegment für Sportlimousinen zu sondieren, allerdings ohne wirklichen Erfolg. Er hatte eine enttäuschende Motorleistung und zu kleine Trommelbremsen. Als die Zeit reif war, ihn zu verbessern, hatten die Jaguar-Ingenieure nur eine Chance, die nicht fehlschlagen durfte.

Der Mark II, eine substanzielle Weiterentwicklung des Mark I, wurde 1959 vorgestellt. Im Vergleich zu seinem Vorgänger hatte er sich ästhetisch und technisch radikal verändert. Die Umgestaltung der Karosserie konzentrierte sich auf ein neues Türdesign, vergrößerte Glasflächen, ein anders gestaltetes Heck, das den Wagen schlanker machte, und in geringerem Maße eine umgeformte Front. Auch die Innenausstattung wurde modernisiert, vor allem Armaturenbrett, Anzeigeninstrumente und Sitze. Mit überraschendem Ergebnis: Obwohl offiziell nur eine „Überarbeitung" des Mark I, erreichte der Mark II nun eine Eleganz, die ihn in eine zeitlose Stilikone verwandelte.

Technisch kam mit dem Mark II die Scheibenbremse, während der 2,4-Liter-Motor, verantwortlich für die schwache Leistung des Mark I, von 112 auf 120 PS aufgerüstet wurde. Für unersättliche Jaguar-Fans waren auch 3,4- und 3,8-Liter-Motoren mit zwei kettengetriebenen obenliegenden Nockenwellen und 210 bzw. 220 PS lieferbar. Dennoch kam nach wie

244-245 Der „Jaguar" tauchte erst nach 1945 auf, als der britische Autohersteller seinen Namen von Swallow Sidecar Company in Jaguar änderte. In vielen Ländern ist die berühmte Kühlerfigur aus Sicherheitsgründen verboten.

vor ein V6-Reihenmotor zum Einsatz, die Bauart, mit der sich Jaguar einen Namen gemacht hatte und die bis Ende der 1990er Jahre unverändert blieb.
Der Mark II war ein Erfolg und verkaufte sich in acht Jahren 84 000-mal – eine beachtliche Zahl für ein derart teures und „elitäres" Auto. Als echte Sportlimousine nahm er auch erfolgreich an der European Touring Car Championship teil.
Eine Kehrseite davon war, dass er sich dank seines Rufs als schnelles und geräumiges Auto – die stärkste Version beförderte fünf Erwachsene und beschleunigte, bei einer Spitzengeschwindigkeit von 200 Stundenkilometern, in weniger als 9 Sekunden von 0 auf 100 – zum Liebling im Gangstermilieu entwickelte, was die britische Autobahnpolizei dazu zwang, ihn ebenfalls einzuführen.
Sein dezentes Äußeres verbarg die außergewöhnliche Beschleunigung und das Fahrverhalten. In den Sechzigern nannte man ihn oft „das perfekte Q-Auto", eine Anspielung auf die „Q-Schiffe", die in beiden Weltkriegen als Handelsschiffe getarnt, aber bis an die Zähne bewaffnet, U-Boote jagten.
Dieses Image verschaffte dem Wagen viele Kinoauftritte, häufig in Krimis, aber er blieb nicht auf dieses Genre beschränkt. 1967 erfolgte die Umtaufung des Mark II in 240 oder 340, und seinen Nachfolgern fehlten teure Merkmale wie Speichenräder, übertrieben viel Chrom und Ledersitze, was sein Überleben durch eine Preissenkung für einige Jahre sicherte. Diese Taktik diente aber auch dazu, eine Konkurrenz zum S-Type von 1963 auszuschließen, der zwar Einiges von seiner Mechanik und Karosserie übernahm, aber in einer höheren Klasse rangierte.

246-247 Massive Stoßstangen wie diese helfen, vor 1967 gebaute Mark II zu erkennen. Ab dann wählte man dezentere Stoßstangen, der 3,8-Liter-Motor wurde fallen gelassen und die Versionen mit 2,4- und 3,4-Liter-Motoren wurden in Jaguar 240 und Jaguar 340 umgetauft.

247 oben Den Mark II, vor allem die Version mit dem stärkeren 3,8-Liter-Motor, nutzte auch die britische Polizei. In den Sechzigern gab es auf englischen Autobahnen kein Tempolimit, die Streifen brauchten schnelle Wagen – nur benutzten Kriminelle oft das gleiche Auto.

248-249 Die Speichenfelgen waren teuer, verliehen dem Wagen aber deutlich Klasse. Im letzten Baujahr aber, als dieses Modell umgestellt wurde, wurden billigere Felgen aus Stahl Standard, um Jaguar erschwinglicher zu machen.

JAGUAR
MK 2

Letzter Anklang an die Vergangenheit

Auch nach Einstellung der Produktion hielt sich der Mark II neben dem E-Type Coupé und Sportwagen als Ikone in den Herzen der Fans und beeinflusste unmittelbar den neuen S-Type, der 1998 in Birmingham vorgestellt wurde – zu einem Zeitpunkt, als das Unternehmen um seine Identität rang.

Das Auto, das im darauffolgenden Jahre in Produktion ging, war eine Limousine der oberen Mittelklasse mit Hinterradantrieb, leistungsstarken Motoren und einer deutlichen stilistischen Anbindung an seine Vorläufer, dank der vier runden Scheinwerfer und der Form von Kühler, Heck und Front.

Obwohl in Castel Bromwich gebaut, hatte der S-Type amerikanische Wurzeln, denn Ford hatte Jaguar 1989 gekauft und eine Basis nicht nur für die britische Limousine, sondern auch für den Lincoln LS und den Ford Thunderbird entworfen. Die gleiche, wenn auch verkürzte Plattform sollte 2005 auch beim

250-251 Unter den diversen Versionen des S-Type war der „R" die sportlichste, der sich dank eines 4,2-Liter-V8-Turbos mit 395 PS bei seiner Präsentation den Titel der schnellsten je von Jaguar gebauten Limousine erwarb. Ästhetisch unterschied er sich durch einen „wabenförmigen" Grill statt der traditionellen vertikalen Stege.

Ford Mustang zum Einsatz kommen, der US-Konzern beschloss jedoch, Jaguar und das Projekt fallen zu lassen. 2008 erwarb die indische Gruppe Tata die Marke.

Dennoch verfügte der S-Type über etliche Ford-Komponenten, etwa den 6-Zylinder-Motor mit 3 Liter Hubraum, der die Rückkehr von Jaguar zu seiner Motorausstattung markierte, die Zylinder allerdings in V-Form. Die Neugestaltung Ende 2002 bot eine Möglichkeit, einige Schwächen zu beheben, vor allem die Zuverlässigkeit der Elektronik, unter anderem aber auch die Erhöhung der Motorleistung mittels eines Achtzylinder-Turbos beim sportiven S-Type R. 2004 kam schließlich der, zumindest der Jaguar-Tradition entsprechend, „frevelhafte" Turbodiesel heraus.

Der S-Type, der 2008 den Weg für den weniger nostalgischen XF freimachte, erfuhr nicht das Leinwandglück des Mark II. Tatsächlich hatte er nur wenige Auftritte in TV-Serien wie „The Sopranos" oder „Desperate Housewives". Aufgrund seiner ausgewogenen Balance zwischen Preis, Qualität und Technik, nimmt er dennoch heute eine führende Rolle auf dem Gebrauchtwagenmarkt ein.

Ford Mustang

1964 ½
CALIFORNIA
Ford MUSTAN

Das „Pony Car“ par excellence

254 oben Der Film „Bullit“ mit Steve McQueen und einem Mustang GT gewann einen Oscar für den besten Schnitt. Die Hauptverfolgungsjagd gilt als eine der stärksten ihrer Art.

254-255 Der Mustang war 1964, dem ersten Produktionsjahr, ein Riesenerfolg dank der exzellenten Werte seiner 6- und 8-Zylinder-Motoren. Zu den Optionen zählten Klimaanlage und Sicherheitsgurte im Heck, damals eine Seltenheit.

22 000 am Tag der Vorstellung, 100 000 in den ersten drei Monaten (was eigentlich das Absatzziel für das gesamte Jahr gewesen war) und 418 812 in den ersten zwölf Monaten: Diese nackten, harten Verkaufszahlen reichen aus, um den schier unglaublichen Erfolg zu illustrieren, den der Ford Mustang bei seiner Markteinführung 1964 erzielte. Und dieser Ruhm sollte alles andere als kurzlebig sein. Ende 1966 waren eine Million Mustangs zugelassen, und nach fünf Generationen und fast fünfzig Jahren auf dem Markt hat die produzierte Stückzahl die Fünfmillionengrenze überschritten. Eine sensationelle Zahl für einen gewöhnlich auf ein sehr limitiertes Marktsegment beschränkten Sportwagen.

Der Ford Mustang ist das einzige „Pony Car“ – diese typisch amerikanische Klasse, die mit dem Chevrolet Corvair von 1959 startete, bezeichnet schnelle und leistungsstarke, aber relativ preisgünstige Autos –, das ohne Unterbrechung bis heute gebaut wird.

Sowohl das Coupé als auch das Cabrio basieren auf der Plattform der Limousine Falcon. Sein Namen verdankt sich einem berühmten Jagdflugzeug des Zweiten Weltkriegs – der F-51 Mustang – und der bekannten Pferderasse des amerikanischen Westens, die für ihre Anmut, Kraft und Geschwindigkeit bekannt ist.

Das erste Modell rollte am 9. März 1964 vom Montageband und wurde dem Publikum auf der Weltausstellung in New York vorgestellt. Das in nur achtzehn Monaten entwickelte Projekt betreute Lee Iacocca, der von 1964 bis 1978 Generaldirektor von Ford war, höchstpersönlich. Er legte auch die stilistischen Leitlinien fest. Um ein großes Publikum anzusprechen, sollte der Wagen über vier statt zwei Sitze verfügen, weniger als 1100 Kilo wiegen, unter 4,60 Meter lang sein (tatsächlich brachte er es auf 4,62 Meter) und laut Liste weniger als 2 500 Dollar kosten. Ungeachtet dieser Einschränkungen sollte der Wagen leistungsstark, komfortabel und luxuriös sein.

Seinen Status als Legende festigte der Mustang schnell, nicht nur aufgrund der rasanten Verkaufszahlen, sondern auch durch seine „außerplanmäßigen" Aktivitäten. Einen Monat nach der Präsentation wurde ein Mustang offizielles Safetycar beim Autorennen Indianapolis 500, vier Monate später gab er in „Goldfinger" sein Kinodebüt.

1965 kam das von Carrol Shelby konstruierte Modell heraus, der noch immer leistungsstärkste Mustang. Die erste Serie hatte einen V8-Motor mit 4700 Kubikzentimetern Hubraum und 306, in der Rennversion 360 PS, es gab ihn ausschließlich schwarz lackiert, und er hatte keine Rücksitze. Einer davon, der Shelby GT 500 mit dem liebevollen Spitznamen „Eleanor", war der Star des Films „Nur noch 60 Sekunden" (2000).

Denkt man an Mustang und Hollywood, fällt einem vermutlich als Erstes „Bullitt" (1986) ein. In diesem Film begleitete ein grüner GT mit Fließheck und modifiziertem 325-PS-Motor Steve McQueen bei seinen Abenteuern. Nach 2007 tauchten zwei Versionen dieses berühmten Filmmodells auf, allerdings übertraf keine von beiden die Leistungsstärke des Originals.

Die erste Serie, die in Deutschland als T5 verkauft wurde, da eine Rasenmäherfirma die Rechte am Namen Mustang hielt, blieb rund zehn Jahre auf dem Markt. In dieser Zeit legte der Wagen an Größe und Gewicht kontinuierlich zu. Mit der Ölkrise und der Forderung der Kunden nach geringerem

256-257 Die Version Boss 302 (hier ein Modell von 1970 mit einer Ausstattung von Danny Moore und Jerry Crew) verfügte über einen leistungsstarken V8 mit 290 PS und erzielte große Erfolge auf der Rennstrecke. Der wichtigste Sieg war zweifellos jener bei der Trans-Am Championship 1970 mit Parnelli Jones am Steuer.

Spritverbrauch, die Konkurrenten wie den Plymouth Barracuda, AMC Javelin und Dodge Challenger zum Verschwinden brachten, konstruierte Ford ein neues, zurückgebautes Modell, das sich wieder stärker an das Original anlehnte.

Für die zweite Generation wurde 1974 die Plattform des Kompaktautos Pinto genutzt, die Cabrio-Version verschwand, und erstmals kamen Vierzylindermotoren zum Einsatz, der schwächste von ihnen verfügte über 88 PS. Obwohl der Wagen nun kleiner war, erhöhte man das Gewicht, um Sicherheits- und Abgasbestimmungen zu entsprechen, was die Leistung minderte. Auch das Fahrverhalten war gemessen an früheren Standards deutlich unterlegen. Trotz dieser Schwächen blieben die Verkäufe stark. Der dritte Mustang (1979 bis 1993) kehrte mit einer etwas kantigeren Cabrio-Version auf den Markt zurück, die einen größeren Kofferraum und mehr Platz im Fond bot. Doch die Verkäufe sanken auf unter 100 000 Stück pro Jahr, was Ford zu der Überlegung zwang, ihn durch ein Modell auf der Plattform des Mazda MX-6 zu ersetzen.

Als das durchsickerte, stemmten sich die Mazda-Fans allerdings gegen diese Pläne, weil es einen Umstieg auf Frontantrieb bedeutet und einen V8-Motor ausgeschlossen hätte. Aus Angst vor einem kommerziellen Flop ließen die Bosse in Detroit die Idee fallen und beschlossen, das Leben des bestehenden Modells durch eine gründliche Neugestaltung zu verlängern.

Zurück zu seinen Wurzeln

1994 erholte sich der Absatz leicht bei Einführung der vierten Generation mit Sechs- und Achtzylindermotoren und einem kurvigeren, muskulöseren Design. Aber erst mit der fünften Serie, die 2004 auf dem Autosalon Detroit vorgestellt wurde, konnte der Mustang wieder die Herzen der Fans erobern. Mit einer Länge unter 4,80 Meter und V6- und V8-Motoren von 3,7 bis 5,4 Liter Hubraum zeigt der neue Mustang ein „retro-futuristisches" Design, das unmittelbar vom Original aus den Sechzigern inspiriert ist. Doch nicht nur das Styling knüpft eng an die Vergangenheit an. Auch die Marketingstrategie ist die Gleiche, da das Ford-Coupé heute eines der besten Preis-Leistungs-Verhältnisse aufweist. Während der Mustang einst vor allem junge Fahrer anlockte (im ersten Jahr auf dem Markt bedeutete er für siebzig Prozent der Käufer das erste eigene Auto), reizt er heute dagegen ein überwiegend nostalgisches Publikum, das sich nach den alten Zeiten sehnt, die in seinem Herzen immer noch lebendig sind.

258-259 Viele Ingenieure, Designer und Mechaniker haben sich am Mustang versucht. Einer der bekanntesten ist Jack Roush, der seit 1988 an dem Sportwagen von Ford arbeitete. Der Stage 3 von 2001 unterschied sich von den Serienmodellen durch einen V8 mit 360 PS, größere Räder und eine neue Frontstoßstange.

Alfa Romeo Spider

Der weltweite Schwarm

262-263 Bei seiner Präsentation auf dem Genfer Autosalon 1966 wurde er schlicht Spider 1600 genannt. Man veranstaltete einen Wettbewerb für einen passenderen Namen und kürte aus 140 000 Einsendungen „Duetto". Der Name kam an und blieb in Gebrauch auch nach der Aufgabe durch Alfa.

263 1969 beschloss Alfa, das Heck des Spider umzugestalten und die Ladekapazität zu erhöhen, die den Kunden zu gering war. Der charakteristische „Tintenfischknochen-Look" verschwand und wich einem konventionelleren Kofferraumheck, wie auf dieser Skizze von Pininfarina zu sehen.

Die Cabrio-Version der Giulia wurde im März 1966 auf dem Genfer Autosalon vorgestellt und schlicht Spider 1600 genannt. In der Zwischenzeit schrieb Alfa einen Wettbewerb für einen neuen Namen aus. Mehr als 140 000 Vorschläge, darunter 15 000 aus dem Ausland, wurden von Händlern und Alfa-Vertretungen eingesammelt. Das Rennen machte Guidobaldo Trionfi aus Brescia mit Duetto (oder „Duett"), der für seine Siegereinsendung einen Spider gewann.

Fast auf der Stelle erhob sich aber ein Problem. Der Name war bereits für die Kreation eines Konditors namens Pavesi vergeben, weshalb Alfa ihn ein Jahr nach der Vorstellung fallen lassen musste. Er hatte sich aber bereits so durchgesetzt, dass das Publikum den Wagen bis zur Produktionseinstellung 1994 weiterhin Duetto nannte.

Die Namensausschreibung war nicht die einzige Marketingmaßnahme. 1966 lud man drei Spider auf das Deck des Ozeanriesen Raffaello, wo die Passagiere das Fahrzeug auch in Bewegung sehen konnten, und verschiffte es nach New York. Vielleicht bedeutsamer war, dass der Spider Dustin Hoffmans Auto in „Die Reifeprüfung" („The Graduate", 1967) wurde, das Herz der Amerikaner gewann und dort immer „The Graduate" blieb.

1968 wich der 1600 dem 1300 Junior und dem 1750 Veloce. Beiden war eine kurze Karriere beschieden, und ein Jahr später brachte Alfa die zweite Generation des Spider mit neuem Heck heraus, das sich vom charakteristischen „Tintenfischknochen-Look" verabschiedete. Durch die neue Struktur ließ sich die Ladekapazität deutlich erhöhen, sie war aber auch eine Abkehr vom vermutlich letzten, direkt von Battista Pininfarina betreuten Projekt, der auch die Karosserie entworfen hatte. Eine weitere größere Änderung wurde 1971 mit Einführung eines 2-Liter-Motors vorgenommen.

1978 wurde die Produktion der Giulia eingestellt, die den Spider unter anderem mit Motoren, Getriebe und Aufhängung versorgt hatte, um Platz für die neue, vollkommen andersartige Giulietta zu schaffen. Der Spider wurde aber mit der überholten Originaltechnik weitergebaut, die den Kunden gleichwohl sehr gefiel.

Dennoch wurde es 1983 Zeit für ein Facelift, das massive Veränderungen an Interieur, Front und Heck beinhaltete. Die umlaufenden Stoßstangen waren ausgeprägter, außerdem gab es einen markanten schwarzen Gummispoiler. 1990 wurde der Unterschied zum Design von 1966 noch deutlicher, als das Heck erneut modifiziert wurde, man allerdings eine harmonische Verbindung mit dem Rest des Wagens versäumte, der weiterhin ein Sixties-Gefühl wahrte und bei Nostalgikern ein Hit war. Inzwischen war Nordamerika Hauptabnehmer für den Spider geworden, und als das Unternehmen 1994 beschloss, sich von diesem Markt zurückzuziehen, wurde die Produktion eingestellt. So blieb dies der letzte Alfa Romeo mit Hinterradantrieb bis zur Ankunft des 8C dreizehn Jahre später.

Herausforderung einer bulligen Vergangenheit

1994 zeigte Alfa auf dem Pariser Autosalon jedoch zwei neue Sportwagen: das Coupé GTV und seine Cabrio-Version, die den Namen Spider übernahm. Sie hatten einen muskulösen und kantigen Stil, der noch von Pininfarina konzipiert wurde, und eine vom 155 abgeleitete Technik, was bedeutete, dass es viele Ansätze und Neuerungen von Fiat gab, da Fiat Alfa 1986 übernommen hatte. An erster Stelle: der quer eingebaute Motor und Frontantrieb.

Das Design war ansprechend, ebenso seine Aggressivität, Originalität und das Fahrverhalten, was immer noch Turiner Einfluss widerspiegelte, ohne sich zu sehr daran anzulehnen.

Man baute ihn ab 1995 mit zwei Motoren: einem 2-Liter-Vierzylinder mit 150 PS und einem 3-Liter-Sechszylinder mit 192 PS. Letzterer war für die Rückkehr auf den amerikanischen Markt bestimmt, wozu es aber nie kam. In seiner bis 2005 dauernden Karriere wurde er mit 1,8-Liter-, 2-Liter-Turbo- und 3,2-Liter-Sechszylindermotoren gebaut.

Da diese Art Auto nicht mehr die Beachtung fand wie noch in den Sechzigern und Siebzigern, wurden Design und Interieur nur 1998 und 2003 verändert, wobei Alfa den Einsatz in seiner Marktnische einschränkte und beschloss, auf rentablere Modelle zu setzen.

Das hinderte Alfa aber nicht daran, 2006 den Spider wieder aufzulegen, dessen Design diesmal vom Coupé Brera abgeleitet war. Kurioserweise zeichnete Giugiaro diese Version, seine Verwandlung in einen Spider überwachte dagegen Pininfarina.

Das Design hinterließ prompt Eindruck, sodass der Spider nur einige Tage nach seinem Debüt auf dem Genfer Autosalon von einer Expertenrunde mit dem Titel „Cabrio des Jahres 2006" ausgezeichnet wurde. Seine Technik ähnelt jener der Limousine 159 und ist vorwiegend das Resultat der Zusammenarbeit zwischen Fiat und General Motors zwischen 2000 und 2005. Anfangs war er mit zwei Motoren erhältlich: einem 2- und einem 3,2-Liter-Sechszylinder, Letzterer auch mit Allradantrieb. 2007 erschien eine 2,4-Liter-Turbodiesel-Version. Um den Absatz zu beleben, der sowohl wegen des hohen Preises als auch wegen der durch das erhöhte Gewicht des Wagens begrenzten Fahrleistung und der für Alfa untypischen Motoren nie richtig in Schwung gekommen war, kamen 2009 der 1750 Turbo-Benziner und ein sparsamer 2-Liter-Turbodiesel.

Als erklärtes Sinnbild für den speziellen italienischen Stil ist der heutige Spider weitaus bequemer, verfeinerter und beseelt vom Geist seines Vorläufers aus den Sechzigerjahren. Doch die Frische und Schlichtheit des alten „Duetto" werden „Alfisti" und Cabrio-Liebhabern unauslöschlich und ewig im Herzen bleiben.

264-265 Nach der wenig erfolgreichen Erfahrung mit dem Spider von 1994 überarbeitete Alfa 2006 die dritte Auflage. Sie war vom schönen, von Giugiaro designten Coupé Brera abgeleitet, aber zur Wahrung der Tradition designte und überwachte Pininfarina die Verwandlung in einen Roadster.

265 oben Bei der Präsentation auf dem Genfer Autosalon entzückte die jüngste Generation des Spider mit ihrem kompakten und schlanken Design. Nur Tage später wurde er 2006 zum „Cabrio des Jahres" gewählt. Die technische Basis stammt von der Limousine 159.

265 Mitte Im Vergleich zum „Duetto" war der Spider von 2006 deutlich reichhaltiger ausgestattet und technisch reifer, da er nun auch mit Allradantrieb und einem Dieselmotor erhältlich war. Dennoch vermissen viele Fans die Schlichtheit seines Vorgängers.

Chevrolet Camaro

GOODYEAR

Kleiner Preis und großer Spaß

Die Gesetze des Marktes sind eindeutig: Ohne Konkurrenz lässt sich auch das beste Produkt nicht verbessern. So ist es kein Zufall, dass in den Vereinigten Staaten Ford und General Motors zwischen 1950 und 1973 ihren Zenit erreichten, als ihre Rivalität am stärksten war.

Der Chevrolet Camaro ist eine Ikone des „Pony Car", wie erschwingliche Sportwagen in Amerika genannt werden, und wurde mitten in diesem Marktkrieg geboren. 1963 brachte Ford den Mustang heraus, von dem er in den ersten sechs Monaten über 100 000 Stück verkaufte, was Chevrolet zwang, schleunigst darauf zu reagieren.

Unverzüglich setzten sich die Ingenieure an die Planung des XP-836, dessen endgültige Version am 12. September 1966 dem Publikum präsentiert wurde. Die Namensfindung war ein langer Prozess, so waren Nova, Panther, Chaparral und Wildcat im Gespräch. Sogar GeMini wurde vorgeschlagen, ein Spiel mit den GM-Initialen, aber das Unternehmen bevorzugte etwas mehr Distanz zur Gesamtmarke, sollte der Wagen floppen.

Camaro – auf Altfranzösisch „Freund“ oder „Gefährte“ – erntete zunächst viel Spott, vor allem, als man herausfand, dass „camarón“ auf Spanisch „Krebs“ heißt.

Doch die Spötter verstummten schnell angesichts der Qualität des Wagens. Die erste Generation war sowohl als Coupé wie als Roadster erhältlich, die Technik stammte größtenteils vom Pontiac Firebird.

Die Motoren variierten zwischen Sechs- und Achtzylindern mit einem Hubraum von 4,1 bis 6,5 Liter, die Innenausstattung sah zwei Notfall-Rücksitze vor. Das Publikum schätzte den Camaro alsbald sehr. Er siegte auf amerikanischen Rennstrecken, war aber zugleich so erschwinglich, dass man ihn in Autohäusern an der Ecke erwerben konnte. Dank unbeschwerter Produktentscheidungen frischte Chevrolet den Camaro schon bald auf. Die zweite Generation wurde 1970 vorgestellt, gleichzeitig verschwand die Cabrio-Version von der Bildfläche, während mit den V6- und V8-Motoren mit 3,8 bis 7,4 Liter Hubraum Größe und Gesamtgewicht zunahmen. Die Ölkrise von 1974 verdarb das Marktsegment für „Pony Cars“ und schadete der Konkurrenz von Chevrolet empfindlich, sodass 1977 erstmals mehr Camaros registriert waren als Mustangs.

Die dritte Generation kam 1982 heraus und zeichnete sich durch quadratische Scheinwerfer und eine ganze Reihe Neuerungen aus, darunter Benzineinspritzung, Viergangautomatik (neben einem Fünfgang-Schaltgetriebe), 16-Zoll-Felgen sowie eine praktische Heckklappe.

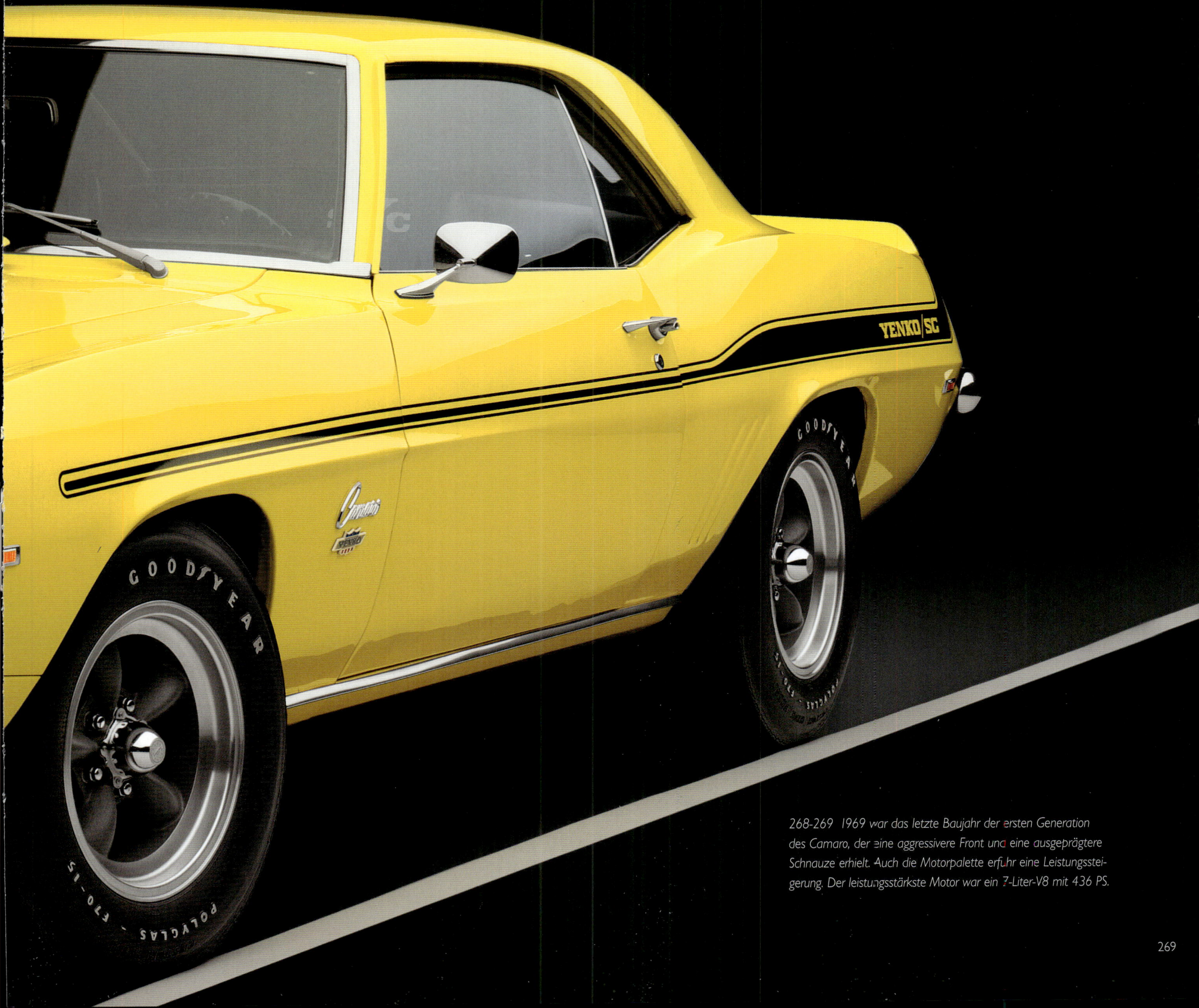

268-269 1969 war das letzte Baujahr der ersten Generation des Camaro, der eine aggressivere Front und eine ausgeprägtere Schnauze erhielt. Auch die Motorpalette erfuhr eine Leistungssteigerung. Der leistungsstärkste Motor war ein 7-Liter-V8 mit 436 PS.

Zu höchstem Lob geboren

Mit reduziertem Gewicht kam der Roadster zurück, und der für amerikanische Verhältnisse kleine 2,5-Liter-Vierzylinder wurde eingeführt.
Im Lauf der Zeit verlor der Camaro den Reiz, den er einmal gehabt hatte. Die vierte Generation, von 1993 bis 2002 gebaut, war auch in Europa lieferbar. Im Großen und Ganzen waren Sportwagen für das Massenpublikum weniger attraktiv als einst, auch wenn sich der Mythos des Wagens inzwischen etabliert hatte, was auch ein Vers aus dem bekanntesten Lied von Pearl Jam, „Whishlist" von 1998, bezeigt: „I wish I was the full moon shining off your Camaro's hood."

270-271 *Die vierte Serie des Sportwagens von Chevrolet wurde in den ersten zwei Jahren mit nur zwei Motoren verkauft: einem 3,4-Liter-6-Zylinder mit 162 PS und einem 5,7-Liter-V8 mit 275 PS. Vergeblich versuchte General Motors, dieses Modell nach Italien zu exportieren. 1993 hatte der sportliche Z28 die Ehre, offizielles Safety-Car beim Indianapolis 500 zu sein.*

Der legendäre Camaro – der in Filmen wie „Christine" (1983), „Drei Engel für Charlie" (2000) und TV-Serien wie „Miami Vice", „Akte X" und „Ein Duke kommt selten allein" auftrat – schien am Ende. Doch ein weiterer Film – „Transfomers" (2007) – belebte die Sehnsucht wieder. In diesem Film verwandelt sich ein Modell von 1976 in eine Version des Prototyps. Es dauerte weitere drei Jahre, bis der Wagen Wirklichkeit wurde – mit Sechs- oder Achtzylindermotoren mit 3,5 bis 6,2 Liter Hubraum.

Einige Modelle trudeln über unabhängige Händler nach Europa ein. Natürlich hilft es nicht, dass amerikanische Sportwagen wegen ihrer großen Motoren und ihres hohen Verbrauchs seit jeher in der Alten Welt auf wenig Interesse stießen. Dennoch könnte die Wiedergeburt des Camaro ein Hoffnungsschimmer sein. Denn vielleicht kehrt der von Pearl Jam beschriebene Mondschein nach Detroit zurück, wie damals, als Chevrolet und Ford darum kämpften, die besten Produkte anzubieten.

272-273 und 273 Der aktuelle Camaro hatte sein Debüt auf den Kinoleinwänden, bevor er im Handel zum Verkauf zur Verfügung stand. Allerdings war das gelbe Modell, das 2007 in dem Film „Transformers" auftrat, in Wirklichkeit ein Pontiac GTO, auf den die Karosserie des Camaro Concept aus dem Jahr 2006 gesetzt war. Für den Roboter Bumblebee, in dem Film das Alter Ego des Wagens, wurden Bauteile eines VW Käfers verwendet.

Volkswagen Golf

Das Kompaktauto, das alles veränderte

„Der Golf ist immer der Golf" – in guten wie in schlechten Zeiten ist dies der Wesenszug eines Autos, dem viele mangelnde Innovation vorwarfen, das nichtsdestotrotz stilbildend war und diesem Stil seit 1974 über sechs Fahrzeuggenerationen hinweg treu geblieben ist. So wurde es für Millionen zu einem bewährten Namen.

Als Beleg für den Nutzen des konservativen Ansatzes von Volkswagen genügt ein Blick auf die erstaunlichen Verkaufszahlen: 1974 eingeführt, waren nach nur zwei Jahren bereits eine Million Stück gebaut. Die stattliche Produktion setzte sich unvermindert fort und erreichte 1982 eine Stückzahl von fünf Millionen, 1988 zehn Millionen (Golf II), 1994 fünfzehn Millionen (Golf III), 2000 zwanzig Millionen (Golf IV) und 2007 fünfundzwanzig Millionen (Golf V). Der Erfolg war so enorm, dass im Juni 2002 Golf Nummer 21 517 415 den Produktionsrekord seines höchst illustren Vorläufers VW Käfer überflügelte.

Als der erste, von Giorgetto Giugiaro designte Golf herauskam, staunte das Publikum. Der Wagen war geräumig, modern, sparsam und dezent genug, um nicht von einer bestimmten Ideologie vereinnahmt zu werden. Vor allem jedoch war er höchst befriedigend. Der erste Golf war ein gut gearbeitetes Auto von subtiler Sportlichkeit, mit einer sorgfältigen und bequemen Innenausstattung, die viele Fahrer vergessen ließ, dass der Motor lediglich 1,1 Liter Hubraum und 50 PS bot.

Dennoch war nicht alles rosig, zumindest nach Ansicht einiger Kritiker. Sie meinten, der Golf stehe für die Identitätskrise von VW, da das Unternehmen mühsam versucht hatte, sich vom Käfer zu distanzieren. Dessen ungeachtet übertraf der Erfolg des Golf die optimistischsten Erwartungen. Das Publikum liebte das Auto – eine Zustimmung, die sich auch seiner vom Käfer geerbten Aura der Unverwüstlichkeit verdankte –, und am Ende definierte er eine

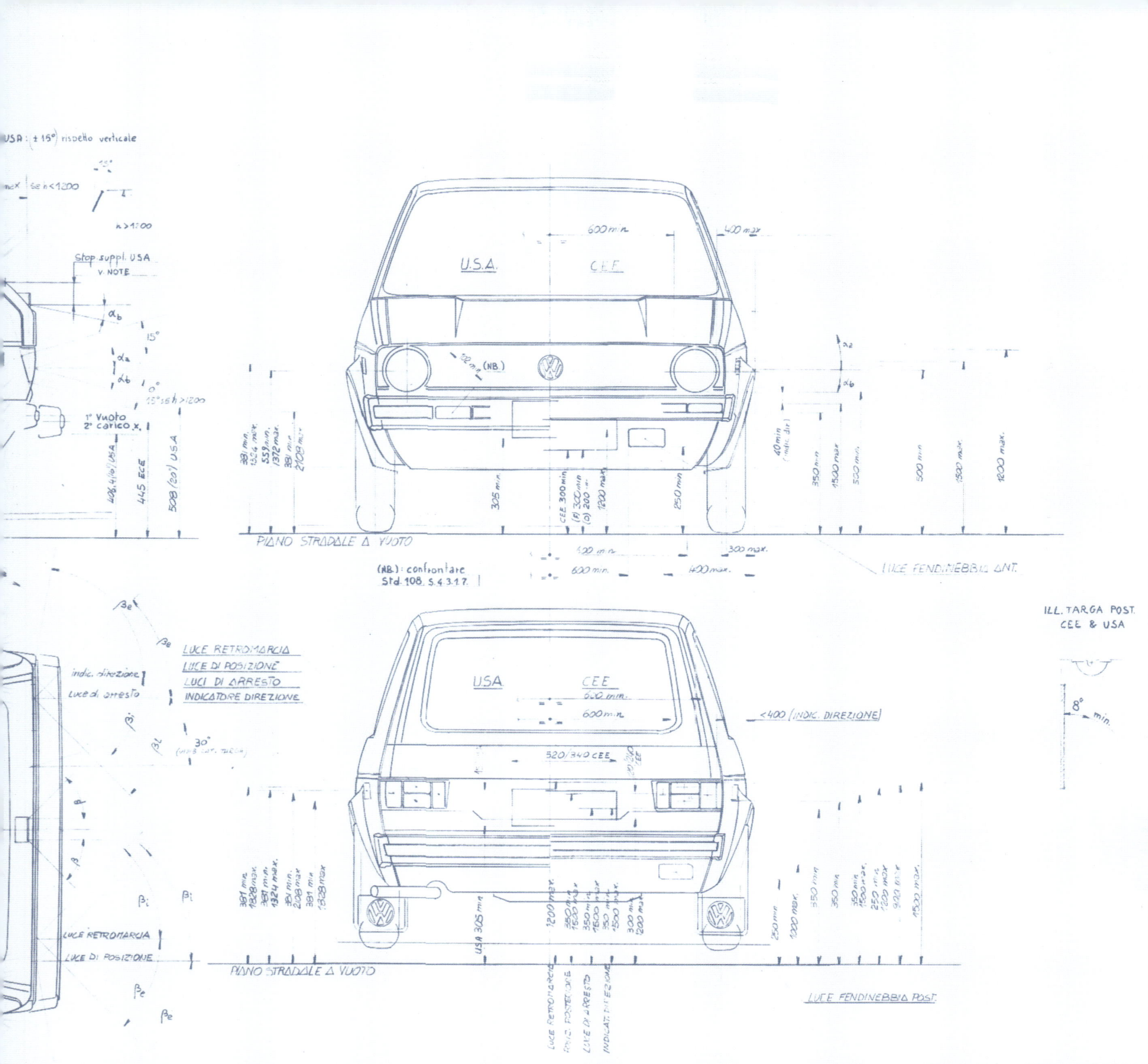

Doch schon bald stieß der Golf III auf dem scheinbaren Zenit seines Erfolgs bei VW auf sein größtes Problem. Obwohl 1992 und 1994 zum „Auto des Jahres" gekürt, verlor der Golf nach dreizehn aufeinanderfolgenden Jahren seinen Spitzenplatz als meistverkauftes Auto Europas an den Fiat Punto. So wurde der Golf III nach nur sechs Baujahren eingestellt.

1997 kam der erheblich klassischer wirkende Golf IV heraus, der die Stilprinzipien des Originalmodells aufnahm und weiterentwickelte. Die Innenraumverarbeitung war so hochwertig, dass ihn viele für den besten je gebauten Golf halten, auch wenn es einige unvermeidliche Kritik an den Platzverhältnissen im Fond und der Ladekapazität gab (nicht gerade geringe Schwächen für ein angebliches Familienauto) sowie an der Heckfederung. Trotzdem ermöglichte er VW, wieder die Führung auf dem europäischen Markt zu übernehmen, auch wenn der Golf zu diesem Zeitpunkt die Durchschnittspreise in seiner Klasse deutlich überschritten hatte.

278-279 Der erste Golf war 4 Meter lang und wog unter einer Tonne (900 kg), sodass seine Abmessungen nicht größer waren als die heutiger Kleinwagen. Gleichzeitig war er jedoch geräumig, praktisch und familientauglich. So wurde er schon bald zum Auto für diejenigen, die zum überaus kargen Image der Kompaktlimousinen der Siebziger auf Abstand gehen wollten. Er war als Drei- und Fünftürer erhältlich, und 1979 kam ein Kombi auf den Markt.

Veränderung, ohne sich zu verändern

2003 kam die fünfte Golf-Reihe in etwas muskulöserem Stil und mit größeren Abmessungen heraus, teilweise als Reaktion auf die Kritik am zu engen Fahrgastraum. Das Design war moderner, die Mechanik großteils von seinem Cousin, dem Audi A3, übernommen, der kurz zuvor vorgestellt worden war. Die Nutzung von Motoren, Federungen und Plattformen auch für andere Modelle der Firmengruppe (beim älteren Bruder des Golf, dem Passat, aber auch beim Seat Leon und Skoda Octavia) ermöglichte eine erhebliche Senkung der Produktionskosten, die mit der vierten Generation in die Höhe geschossen waren.

Im Lauf seines kommerziellen Lebens wurden zahlreiche technische Neuheiten eingeführt, etwa Dieselmotoren mit Direkteinspritzung auf Basis des ursprünglichen Einspritzsystems und einem Twin-Turbolader für Benzinmotoren.

Die VIer-Serie, präsentiert Ende 2008 und bis heute in Produktion, ist das Ergebnis einer Neuinterpretation der Vorgängergeneration, auch wenn die ästhetischen Unterschiede nur schwer erkennbar sind. Mit diesem Modell führte VW eine neue Frontpartie für den Wagen ein, eine Form, die schrittweise auf die übrige Produktlinie übertragen und seinerzeit für den Polo und den Touareg übernommen wurde.

Auf der technischen Seite sah man unter anderem eher Turbodiesel mit Common-Rail-Direkteinspritzung als die Einspritzpumpe, die sich als zu kompliziert und teuer erwiesen hatte; eine „intelligente“ Aufhängung, die die Fahrstabilität des Wagens optimierte; eine Einparkhilfe sowie ein Doppelkupplungsgetriebe in Handschaltung und Automatik. Den als drei- oder fünftürige Limousine gebauten Golf gab es im Lauf seiner langen Erfolgsgeschichte auch als Cabrio-, Kombi- und Minivan-Modell. Die aufrüttelndste Version, die als treibende Kraft für den internationalen Markt fungierte, war jedoch der sportive GTI.

280 oben Der Golf ist ein Welterfolg, der nicht nur in Europa gebaut wird (im Bild das Werk in Wolfsburg), sondern auch in Brasilien, China und Südafrika. Im Juni 2002 überholte er mit Auto Nummer 21 517 415, das vom Band rollte, die Gesamtproduktion des legendären Käfers.

280-281 Dieses Modell ist ein GTI aus der 5. Serie, der seine technische Basis mit dem Audi A3 teilte und von 2003 bis 2008 angeboten wurde. Im Vergleich zum VIer war er bulliger und hatte größere Abmessungen, was eine beträchtliche Erhöhung des Fahrgast- und Laderaums zuließ.

Das erste Modell mit 1,6 Liter Hubraum, 110-PS-Motor und knapp 800 Kilo, geht auf das Jahr 1976 zurück und zeichnete sich durch ein für diese Zeit beispielloses Leistungsgewicht aus, das auf Jahre unerreicht bleiben sollte. Der GTI erfand die Idee vom Auto als einer „kleinen Bombe", ein Konzept für eine mittelgroße Limousine, die die Herzen der jungen Fahrer eroberte. Der Golf GTI II war das erste weit verbreitete Auto mit einem Motor mit vier Ventilen pro Zylinder, die sich beim GTI IV schließlich auf fünf erhöhten. Im Lauf der Jahre steigerte sich die Leistung des Golf GTI fortwährend, das in begrenzter Stückzahl produzierte Modell zum 30. Geburtstag 2006 erreichte 230 PS.
Angesichts seiner umfassenden Verbreitung erlebte der Golf unzählige Auftritte im Fernsehen und im Kino, seltsamerweise hat er jenseits rein autobe-zogener Produktionen jedoch nie eine Hauptrolle darin gespielt. Offensichtlich genügt es, dort an erster Stelle zu stehen, wo es zählt – beim Absatz.

282-283 und 283 Die sechste Generation des Golf, die 2008 herauskam, designte der Italiener Walter de'Silva – der mit Alfa Romeo zusammenarbeitet und VW-Chefdesigner ist – auf eine Weise, die wieder an die erste Baureihe von Giugiaro anzuknüpfen schien. Diese eindrucksvollen Bilder zeigen das Hochregallager für fabrikneue Golfs im Autoturm der neben dem Volkswagenwerk in Wolfsburg gebauten Autostadt. Hier werden täglich durchschnittlich 555 Autos an Kunden übergeben.

Bibliografie

Tutti i modelli del Novecento, Alfa Romeo, Domus
Design Giugiaro, B. Alfieri, J. Bernardet, G. Molineri, G. Rancati, Automobilia
La Fiat Nuova 500, Enzo Altorio, Automitica
Corvette, Michael Antonick, MBI
Porsche 911 - Evoluzione e tecnica, Jörg Austen, Sigmund Walter, Giorgio Nada
Volkswagen Maggiolino, Marco Batazzi, Nada
Classic Jeeps - The Jeep from World War Two to the present day, J. Carroll, Motorbooks International
Thirty years of the Volkswagen Golf & Rabbit, Kevin Clemens, Iconografix
Aston Martin - Power, Beauty and Soul, David Dowsey, Peleus Presse
Fiat: La creatività, il design, il successo, Riccardo P. Felicioli, Automobilia
1899-1999: Tutte le Fiat, Fiat, Domus
Tutti i modelli del Novecento, Fiat, Domus
Chrysler Chronicle, James M. Flammang, Publications International
Rolls-Royce: Tutta la Storia, Michael Frostick, Automobilia
Mini Thirty-Five Years Old, Rob Golding, Osprey
Jaguar Mk 1 & Mk 2 1955-1969. A Brooklands Road Test Portfolio, Jaguar, Brooklands Books
Mercedes Benz: The First Hundred Years, Richard Langworth, Beekman House
Ferrari: un mito, Sergio Massaro, Giunti
Twentieth Century Limited: Industrial Design in America 1925-1939, Jeffrey L. Meikle, Temple University
Mustang, David Newhardt, Motorbooks International
Citroën 2CV: The essential buyer's guide, Mark Paxton, Veloce
Land Rover: 1948-2008, sessant'anni d'avventura, Quattroruote, Domus
Porsche - Storia di un mito, Gino Rancati, Athos Evangelisti, Porsche Italia
Thunderbird, Sheila Rivera, ABDO
Bentley - A Legend Reborn, Graham Robson, Haynes
Trabant 1957-1991, Frank Ronicke, Motorbuch Verlag
Enciclopedia dell'Automobile, Marco Ruiz, Mondadori
BMW: Tutta la storia, Eberhard Seifert, Automobilia
L'automobile italiana, O. Sessa, M. Clarke, A. Bruni, F. Paolini, Giunti
The Rolls-Royce, Jonathan Wood, Shire
Camaro, Anthony Young, Motorbooks International
Cars: automobili da leggenda, M. Zumbrunn, R. Cumberford, Mondadori
Ferrari - I modelli che hanno fatto la storia, M. Zumbrunn, R. Heseltine, Mondadori

Andere Informationsquellen:

Die Zeitschriften Quattroruote, Ruoteclassiche und Auto Italiana, publiziert bei Domus
Die Zeitschrift AutoCapital, publiziert bei Rizzoli Periodici
Milleruote - Grande enciclopedia dell'automobile, Domus/Istituto Geografico De Agostini
Die offiziellen Websites Alfa Romeo, Aston Martin, Bentley, BMW, Chevrolet, Chrysler, Citroën, Ferrari, Fiat, Ford, Jaguar, Land Rover, Mercedes, Porsche, Rolls-Royce, Volkswagen
Die Websites www.imcdb.org, www.enciclopediadellautomobile.com, www.ultimatecarpage.com

Danksagungen

Der Autor dankt Edoardo Baldi und Marco Coletto: Ohne ihren entscheidenden Beitrag hätte das Buch in seiner jetzigen Form nicht entstehen können.
Der Verlag dankt: Alfa Romeo Press; Aston Martin Media; Chrysler Group LLC; Fiat AutoPress; Franziska Christl und Thomas Peschl, BMW Archiv; Jens Torner, Porsche AG Presse-Datenbank; Land Rover; Lorenza Cappello und Umberto Gorio, Italdesign Giugiaro S.p.A.; Maria Feifel, Daimler Global Media Site; Maurizio Marini, Citroën Communication; Mauro Gentile, Porsche Italia S.p.A.; Patrizia Venturini, BMW Italien; Rochelle Macdonald, Bentley Motors UK Press; Rolls-Royce Motor Cars LTD; Trabant; Volkswagen Media.

Register

b = Bildunterschrift

Fotonachweis

S. 1 Ron Kimball/www.kimballstock.com
S. 2-3 Ron Kimball/www.kimballstock.com
S. 4-5 Fotostudio Zumbrunn
S. 6-7 mit freundlicher Genehmigung von Fiat AutoPress
S. 9 Joseph Scherschel/Contributor/Getty Images
S. 10-11 Fotostudio Zumbrunn
S. 12-13 Ron Kimball/www.kimballstock.com
S. 14-15 Ron Kimball/www.kimballstock.com
S. 16-17 oben mit freundlicher Genehmigung von Rolls-Royce Motor Cars LTD
S. 16-17 unten Fotostudio Zumbrunn
S. 18-19 mit freundlicher Genehmigung von Rolls-Royce Motor Cars LTD
S. 20-21 Fotostudio Zumbrunn
S. 21 Science & Society Picture Library/Contributor/Getty Images
S. 22-23 Denis Cameron/Getty Images
S. 23 Everett Collection/Contrasto
S. 24-25 Fotostudio Zumbrunn
S. 25 Fotostudio Zumbrunn
S. 26 mit freundlicher Genehmigung von Rolls-Royce Motor Cars LTD
S. 26-27 mit freundlicher Genehmigung von Rolls-Royce Motor Cars LTD
S. 28 oben mit freundlicher Genehmigung von Rolls-Royce Motor Cars LTD
S. 28 unten mit freundlicher Genehmigung von Rolls-Royce Motor Cars LTD
S. 28-29 oben mit freundlicher Genehmigung von Rolls-Royce Motor Cars LTD
S. 28-29 unten mit freundlicher Genehmigung von Rolls-Royce Motor Cars LTD
S. 29 mit freundlicher Genehmigung von Rolls-Royce Motor Cars LTD
S. 30-31 oben mit freundlicher Genehmigung von Rolls-Royce Motor Cars LTD
S. 30-31 unten mit freundlicher Genehmigung von Rolls-Royce Motor Cars LTD
S. 31 mit freundlicher Genehmigung von Rolls-Royce Motor Cars LTD
S. 32 mit freundlicher Genehmigung von Alfa Romeo Press
S. 34-35 Car Culture/Getty Images
S. 36-37 Don Heiny/Corbis
S. 38 oben De Agostini Picture Library
S. 38 unten De Agostini Picture Library
S. 38-39 De Agostini Picture Library
S. 40 links mit freundlicher Genehmigung von Alfa Romeo Press
S. 40 rechts mit freundlicher Genehmigung von Alfa Romeo Press
S. 40-41 mit freundlicher Genehmigung von Alfa Romeo Press
S. 42-43 mit freundlicher Genehmigung von Alfa Romeo Press
S. 44-45 mit freundlicher Genehmigung von Alfa Romeo Press
S. 45 mit freundlicher Genehmigung von Alfa Romeo Press
S. 46-47 oben Fotostudio Zumbrunn
S. 46-47 unten mit freundlicher Genehmigung von Chrysler Groupp LLC.
S. 48-49 Fotostudio Zumbrunn
S. 49 Bettmann/Corbis
S. 50 Privatsammlung
S. 50-51 Fotostudio Zumbrunn
S. 52-53 mit freundlicher Genehmigung von Chrysler Groupp LLC.
S. 53 mit freundlicher Genehmigung von Chrysler Groupp LLC.
S. 54 oben mit freundlicher Genehmigung von Chrysler Groupp LLC.
S. 54 Mitte mit freundlicher Genehmigung von Chrysler Groupp LLC.
S. 54 unten mit freundlicher Genehmigung von Chrysler Groupp LLC.
S. 54-55 mit freundlicher Genehmigung von Chrysler Groupp LLC.
S. 56-57 oben mit freundlicher Genehmigung von Fiat AutoPress
S. 56-57 unten mit freundlicher Genehmigung von Fiat AutoPress
S. 58 Alfred Eisenstaedt/Contributor/Getty Images
S. 58-59 Fotostudio Zumbrunn
S. 60 tci/Agefotostock/Marka
S. 60-61 La Presse
S. 62 La Presse
S. 62-63 mit freundlicher Genehmigung von Fiat AutoPress
S. 63 Bruno Des Gayetes/Gamma/Eyedea/Contrasto
S. 64-65 Keystone France/Keystone/Eyedea/Contrasto
S. 66 mit freundlicher Genehmigung von Fiat AutoPress
S. 67 mit freundlicher Genehmigung von Fiat AutoPress
S. 68-69 mit freundlicher Genehmigung von Fiat AutoPress
S. 69 mit freundlicher Genehmigung von Fiat AutoPress
S. 70-71 oben Ron Kimball/www.kimballstock.com
S. 70-71 unten Ron Kimball/www.kimballstock.com
S. 72 Rue des Archives
S. 72-73 Hugo Jaeger/Contributor/Getty Images
S. 74 Photoservice electa/AKG images
S. 74-75 Transtock
S. 75 mit freundlicher Genehmigung von Volkswagen Media
S. 76-77 Transtock
S. 78 oben Photoservice electa/AKG images
S. 78 unten Wolfgang Weihs/dpa/Corbis
S. 78-79 The Mariners' Museum/Corbis
S. 80 James Whimore/Getty Images
S. 80-81 Ron Kimball/www.kimballstock.com
S. 82 Rue des Archives
S. 82-83 Retna Ltd./Corbis
S. 84 John T. Wong/Monsoon/Photolibrary/Corbis
S. 85 Transtock/Corbis
S. 86-87 Ron Kimball/www.kimballstock.com
S. 88-89 Ron Kimball/www.kimballstock.com
S. 90 mit freundlicher Genehmigung von Chrysler Group LLC.
S. 91 G. Cigolini/De Agostini Picture Library

S. 92-93 Fotostudio Zumbrunn
S. 94-95 Fotostudio Zumbrunn
S. 95 mit freundlicher Genehmigung von Chrysler Group LLC.
S. 96-97 mit freundlicher Genehmigung von Chrysler Group LLC.
S. 97 Car Culture/Corbis
S. 98-99 mit freundlicher Genehmigung von Chrysler Group LLC.
S. 100-101 oben Matthew Ward/Getty Images
S. 100-101 unten mit freundlicher Genehmigung von Land Rover
S. 102 AFP/Getty Images
S. 102-103 Car Culture/Corbis
S. 104-105 Popperfoto/Getty Images
S. 105 Popperfoto/Getty Images
S. 106 mit freundlicher Genehmigung von Land Rover
S. 106-107 mit freundlicher Genehmigung von Land Rover
S. 108 Fotostudio Zumbrunn
S. 109 Ron Kimball/www.kimballstock.com
S. 110-111 John Marian/Transtock/Corbis
S. 111 mit freundlicher Genehmigung von Porsche AG Press Database
S. 112-113 Fotostudio Zumbrunn
S. 113 Fotostudio Zumbrunn
S. 114-115 Ron Kimball/www.kimballstock.com
S. 116-117 mit freundlicher Genehmigung von Porsche AG Press Database
S. 117 mit freundlicher Genehmigung von Porsche AG Press Database
S. 118-119 Ron Kimball/www.kimballstock.com
S. 120-121 Ron Kimball/www.kimballstock.com
S. 122-123 oben mit freundlicher Genehmigung von Citroën
S. 122-123 unten Fotostudio Zumbrunn
S. 124 mit freundlicher Genehmigung von Citroën
S. 124-125 mit freundlicher Genehmigung von Citroën
S. 125 mit freundlicher Genehmigung von Citroën
S. 126 oben Universal/TempSport/Corbis
S. 126 unten mit freundlicher Genehmigung von Citroën
S. 127 mit freundlicher Genehmigung von Citroën
S. 128 Photoservice electa/AKG images
S. 129 Fotostudio Zumbrunn
S. 130 mit freundlicher Genehmigung von Citroën
S. 130-131 mit freundlicher Genehmigung von Citroën
S. 131 mit freundlicher Genehmigung von Citroën
S. 132 Claude Schwaetz/Rue des Archives
S. 133 Raymond Cauchetier/Rue des Archives
S. 134 mit freundlicher Genehmigung von Citroën
S. 134-135 mit freundlicher Genehmigung von Citroën
S. 136-137 unten mit freundlicher Genehmigung von Bentley Motors UK Press
S. 138 FPG/Staff/Getty Images
S. 138-139 Matthew Ward/Getty Images
S. 140-141 Ron Kimball/www.kimballstock.com
S. 142-143 Ron Kimball/www.kimballstock.com
S. 144-145 oben Ron Kimball/www.kimballstock.com
S. 144-145 unten Ron Kimball/www.kimballstock.com
S. 146-147 Ron Kimball/www.kimballstock.com
S. 147 Bettmann/Corbis
S. 148-149 Ron Kimball/www.kimballstock.com
S. 149 Car Culture/Getty Images
S. 150-151 Ron Kimball/www.kimballstock.com
S. 152-153 Ron Kimball/www.kimballstock.com
S. 154-155 Ron Kimball/www.kimballstock.com
S. 156-157 oben mit freundlicher Genehmigung von Daimler Global Media Site
S. 156-157 unten Ron Kimball/www.kimballstock.com
S. 158 mit freundlicher Genehmigung von Daimler Global Media Site
S. 158-159 mit freundlicher Genehmigung von Daimler Global Media Site
S. 160-161 Photoservice Electa/AKG Images
S. 162-163 oben mit freundlicher Genehmigung von Daimler Global Media Site
S. 162-163 unten mit freundlicher Genehmigung von Daimler Global Media Site
S. 164-165 Ron Kimball/www.kimballstock.com
S. 166 mit freundlicher Genehmigung von Daimler Global Media Site
S. 166-167 mit freundlicher Genehmigung von Daimler Global Media Site
S. 167 mit freundlicher Genehmigung von Daimler Global Media Site
S. 168 oben A3471 Boris Roessler/dpa/LaPresse
S. 168 unten mit freundlicher Genehmigung von Daimler Global Media Site
S. 168-169 mit freundlicher Genehmigung von Daimler Global Media Site
S. 169 mit freundlicher Genehmigung von Daimler Global Media Site
S. 170-171 Ron Kimball/www.kimballstock.com
S. 172-173 oben Car Culture/Corbis
S. 172-173 unten mit freundlicher Genehmigung von Trabant
S. 174-175 Rainer Schmitz/Corbi
S. 175 Photoservice electa/AKG images
S. 176 Photoservice electa/AKG images
S. 177 Walter Bibikow/JAI/Corbis
S. 178-179 mit freundlicher Genehmigung von Trabant
S. 179 oben links, 177 oben rechts Andreas Rentz/Getty Images
S. 179 unten mit freundlicher Genehmigung von Trabant
S. 180-181 oben BMW Group Archives
S. 180-181 unten BMW Group Archives
S. 182 BMW Group Archives
S. 182-183 BMW Group Archives
S. 183 BMW Group Archives
S. 184 Bettmann/Corbis
S. 184-185 BMW Group Archives
S. 186-187 Transtock/Corbis
S. 188-189 BMW Group Archives
S. 189 Ronald Grant Archive/Mary Evans Picture Library
S. 190 BMW Group Archives
S. 190-191 BMW Group Archives
S. 192-193 oben Car Culture/Corbis
S. 192-193 unten Ron Kimball/www.kimballstock.com
S. 194 Bettmann/Corbis
S. 194-195 Ron Kimball/www.kimballstock.com
S. 196-197 Ron Kimball/www.kimballstock.com
S. 198-199 Ron Kimball/www.kimballstock.com
S. 200-201 oben mit freundlicher Genehmigung von Fiat AutoPress
S. 200-201 unten Fotostudio Zumbrunn
S. 202 oben mit freundlicher Genehmigung von Fiat AutoPress
S. 202 unten Silvio Durante/LaPresse
S. 202-203 Fotostudio Zumbrunn
S. 204 mit freundlicher Genehmigung von Fiat AutoPress
S. 204-205 mit freundlicher Genehmigung von Fiat AutoPress
S. 205 mit freundlicher Genehmigung von Fiat AutoPress
S. 206 mit freundlicher Genehmigung von Fiat AutoPress
S. 206-207 mit freundlicher Genehmigung von Fiat AutoPress
S. 207 mit freundlicher Genehmigung von Fiat AutoPress
S. 208-209 oben Ron Kimball/www.kimballstock.com
S. 208-209 unten Ron Kimball/www.kimballstock.com
S. 210-211 Fotostudio Zumbrunn
S. 212-213 Ron Kimball/www.kimballstock.com
S. 214-215 Ron Kimball/www.kimballstock.com
S. 216-217 oben mit freundlicher Genehmigung von Aston Martin Media
S. 216-217 unten Ron Kimball/www.kimballstock.com
S. 218 oben Bettmann/Corbis
S. 218 Mitte Alain Benainous/Gamma/Eyedea Presse/Contrasto
S. 218-219 Ron Kimball/www.kimballstock.com
S. 220 Keystone/Hulton Archive/Getty Images
S. 220-221 Ron Kimball/www.kimballstock.com
S. 222-223 mit freundlicher Genehmigung von Aston Martin Media
S. 224-225 mit freundlicher Genehmigung von Aston Martin Media
S. 226-227 Ron Kimball/www.kimballstock.com
S. 228-229 oben David Kimber/Car Photo Library
S. 228-229 unten mit freundlicher Genehmigung von BMW AG
S. 230-231 David Kimber/Car Photo Library
S. 231 mit freundlicher Genehmigung von BMW AG
S. 232 oben Collection Cinéma/Photos12.com
S. 232 unten Collection Cinéma/Photos12.com
S. 233 Hulton-Deutsch Collection/Corbis
S. 234 Mitte, 234 unten links, 234 unten rechts, 234-235, 235 links, 235 rechts mit freundlicher Genehmigung von BMW AG
S. 236 links, 236 rechts, 236-237, 237 mit freundlicher Genehmigung von BMW AG
S. 238-239 mit freundlicher Genehmigung von BMW AG
S. 240, 240-241, 241 mit freundlicher Genehmigung von BMW AG
S. 242-243 oben Ron Kimball/www.kimballstock.com
S. 242-243 unten Miquel Tres López/Agefotostock/Marka
S. 244-245 Bruce Benedict/Transtock/Corbis
S. 246-247 Miquel Tres López/Agefotostock/Marka
Pag, 247 Mary Evans Picture Library
S. 248-249 Miquel Tres López/Agefotostock/Marka
S. 250-251 eVox Productions LLC/Photolibrary Group
S. 252-253 oben, 252-253 unten Ron Kimball/www.kimballstock.com
S. 254 Everett Collection/Contrasto
S. 254-255 Ron Kimball/www.kimballstock.com
S. 256-257 Ron Kimball/www.kimballstock.com
S. 258-259 Ron Kimball/www.kimballstock.com
S. 260-261 oben Ron Kimball/www.kimballstock.com
S. 260-261 unten mit freundlicher Genehmigung von Alfa Romeo Press
S. 262-263 Michael Mahovlich/Masterfile/Sie
S. 263 Pininfarina S.p.A
S. 264-265 mit freundlicher Genehmigung von Alfa Romeo Press
S. 265 oben, 265 Mitte mit freundlicher Genehmigung von Alfa Romeo Press
S. 266-267 oben, 266-267 unten Ron Kimball/www.kimballstock.com
S. 268-269 Ron Kimball/www.kimballstock.com
S. 270-271 Ron Kimball/www.kimballstock.com
S. 272-273 Ron Kimball/www.kimballstock.com
S. 273 Archives du 7eme Arts/Photos12.com
S. 274-275 oben David Kimber/Car Photo Library
S. 274-275 unten mit freundlicher Genehmigung von Italdesign Giugiaro S.p.a
S. 276 mit freundlicher Genehmigung von Italdesign Giugiaro S.p.a
S. 277 mit freundlicher Genehmigung von Italdesign Giugiaro S.p.a
S. 278-279 mit freundlicher Genehmigung von Italdesign Giugiaro S.p.a
S. 280 Wolfgang Von Brauchitsch/Bloomberg/Getty Imges
S. 280-281 David Kimber/Car Photo Library
S. 282-283 Christian Charisius/Reuters/Contrasto
S. 283 Nigel Treblin/AFP/Getty Images
S. 288 mit freundlicher Genehmigung von BMW AG

WHITE STAR VERLAG

WS White Star Verlag® ist eine eingetragene Marke von White Star s.r.l.

Piazzale Luigi Cadorna, 6 - 20123 Mailand, Italien
www.whitestar.it

Übersetzung: Barbara Häusler
Produktion und Redaktion: Grafikhaus München

ISBN 978-88-6312-393-7
1 2 3 4 5 6 23 22 21 20 19

Gedruckt in Kroatien

288 Die Lufteinlassöffnung in der Haube, seit 2006 Designelement beim Cooper S, ist die markanteste ästhetische Komponente der Sportversion des Mini. John Cooper ist einer der wichtigsten Namen im britischen Motorsport. Neben seiner Arbeit am Cooper S baute er auch Formel-1-Wagen, die 1959 und 1960 Weltmeisterschaften gewannen.